MINERAL TERRARIUM RECIPE

奇 幻 礦 物 盆 景

—水族箱與玻璃瓶中的精美礦物庭園—

佐藤佳代子／著

U0080678

瑞昇文化

introduction
前言

密封的空間令我深深著迷。

例如尋覓礦物結晶之中的虹彩、

或是將彈珠舉向天空，望著映照出來的景象中漂浮的氣泡、

憧憬著秘密基地之類的小小房間、

還有沉浸於抽屜可以連接過去的妄想……都令我鍾愛得無法自拔。

本書將介紹7種密封空間中的「庭園」。

看著看著，彷彿心神也在不知不覺間跌入了那些「庭園」。

每一件作品都是自己專屬的精美小庭園，可以放在房間裡、書桌邊。

第1章化學庭園中，會出現色彩繽紛的化學試劑樹林。

第2章迷你庭園中，利用小型植物以及實生苗，營造生機盎然的風景。

第3章油瓶庭園中，會在透明的油液裡頭打造植物與礦物交錯的景致。

第4章海洋庭園中，製作出許多充滿小型水生生物的小潮地，可以擺在書桌周圍。

第5章絨球庭園中，在密閉的空間裡，令不會隨處飛舞的絨球綻放。

第6章水晶庭園中，會令人工結晶於鍋中與樹枝上生成。

第7章微觀庭園中，利用手機顯微鏡頭，窺探不同於日常生活風景的世外桃源。

第8章會介紹許多書房DIY，將喜愛的物品收藏進精巧的小空間。

さとう かよこ

Contents 目次

MINERAL TERRARIUM RECIPE

奇幻礦物盆景
—水族箱與玻璃瓶中的精美礦物庭園—

佐藤佳代子／著

Crystal Garden
水晶庭園
尿素結晶　81p

Chemical Garden

化學庭園

Miniature Garden
迷你庭園

欅樹 47p　櫻花 48p　仙人掌 48p

Oil Bottle Garden
油瓶庭園
磷酸二氫銨人工結晶瓶　57p

時間靜止的瓶中理化教室　55p
絨球瓶　58p

Oil Bottle Garden

油瓶庭園

香料瓶中的四季 53p

擺鐘娃娃屋　112p

Fluff Garden
絨球庭園

毛茸茸絨球的瓶瓶罐罐　75p

Crystal Garden
水晶庭園
結晶生成試管（氯化銨） 89p

七彩的鉍晶體　84p

Oil Bottle Garden

油瓶庭園

閃蝶標本盒　56p

DIY Study Room
書房DIY
閃蝶灌模　124p

Aqua Garden

海洋庭園

等指海葵 69p

燈塔水母　64p

Micro Garden

微觀庭園

微生物圖鑑　96p

Aqua Garden

海洋庭園

海月水母 65p

column

濱海散步與
博物學

19世紀中後期的半個世紀，在歷史上稱作維多利亞時代。
1851年倫敦舉辦世界博覽會，進一步加強工業革命的勢頭，
英國境內的鐵道網絡更為發達。查爾斯‧達爾文的《物種起
源》出版（1859），對人們的思考帶來了深遠的影響。
突然蔚為風潮的博物學宛如傳染病，先是感染了貴族與富
豪，接著也滲透到一般市民的圈子裡頭。人們利用工業革命
所建立起的密集鐵路網，搭乘火車前往偏遠的山區以及海
岸，男女老幼無一不沉迷於觀察、飼養採集到手的生物。
尤其許多人鍾愛到濱海地區散步。不少陸地生物都能於日常
生活中接觸到，然而海洋生物卻只有親自到海邊走一遭才能

見到。
人們初次見到海洋時深受感動。他們在海浪一波波打來的岩
石地帶，觀察各式各樣的生物並採集回家。
維多利亞時代最有名的濱海散步者，當屬菲利浦‧亨利‧葛
西（Philip Henry Gosse）。他翻遍海邊大大小小的岩石，尋覓
那些神秘小生物的雀躍身影，全都描繪於《博物學的浪漫》
（The Romance of Victorian Natural History，2004。林恩‧L‧美林 著。
日文版由大橋洋一、照屋由佳、原田祐貨 合譯）一書之中。44歲的葛
西翻遍岩石找尋「翻來竄去的標本」，只為了放到「自家的
海水水槽」中。林恩‧L‧美林（Lynn L. Merrill）雖然將其看作
一種超出常軌的行為，我對葛西的心情倒是感同身受。
這裡講到「自家的海水水槽」，其實從葛西的著作《水族
箱》（The Aquarium，1854）中就可以看出，那其實是非常用
心打造、在能力所及範圍盡可能重現濱海環境的水箱。他在
裝了海水的水槽上方吊掛一個容器，將固定水量的海水滴入
下方水槽。這大概是為了製造水流吧。我自己開始飼養海月
水母後，才知道在水槽內製造海流的措施到底有多重要。我
想，在水肺潛水技術還不存在的時代，多虧有葛西自己用心
打造的水槽，他才能畫出現在我們看到的海底風光、以及海
洋生物的圖畫。
Aquarium（水族箱）一詞也是葛西所創。他嘗試在水槽中同時
飼養魚和水草，打造一個循環生態系。其機制為魚排出二氧
化碳，提供水草進行光合作用，光合作用產生的氧氣再提供
魚呼吸。葛西的水族箱轉眼間就紅遍大街小巷。
甚至之後也出現了專門販售水族箱的店。據說在動物學家威
廉‧洛伊德（William Alford Lloyd）開在倫敦的店裡頭，陳列了
多達50個大型水族箱，以及更多的小型水族箱。所有水槽中
共存放了1萬5000種水生生物。1858年發行的型錄上，還出
現了一幅名為「漂浮海洋」的銅版畫，畫的是用巨大白蘭地
杯做成的水族箱。
很多人說博物學「介於文學、美術、科學的中間地帶」，或
是「進入科學前的學問」。我非常喜歡這樣的定位，我會翻
閱圖鑑、逛逛水族館，甚至親自飼養海邊捉來的水母，也
會製作出池塘的水質來培養、觀察團藻和草履蟲。
現在，我桌上的白蘭地杯中，許許多多的小小仙后水母正拍
動著水呢。

《英國的海葵與珊瑚歷史》※。葛西所繪製的海洋生物插圖（1860）。

※譯註：《A History of the British Sea-Anemones and Corals》。

chapter 1
Chemical Garden

化 學 庭 園

色彩繽紛的化學試劑樹木向上纖纖生長的水中庭園。
在試管與玻璃罐中培養出你專屬的化學庭園吧。

❖什麼是化學庭園❖

化學庭園，就是理化課時做的滲透壓實驗的綽號。在有「水玻璃」之稱的矽酸鈉的水溶液中，放入金屬鹽結晶，就可以觀察到金屬鹽有如種子發芽般逐漸成長的現象。

❖化學試劑樹木（金屬鹽）長高的原理❖

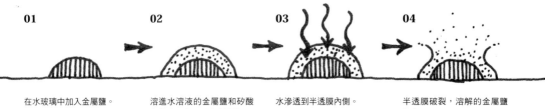

01	02	03	04
在水玻璃中加入金屬鹽。	溶進水溶液的金屬鹽和矽酸鈉產生反應，形成半透膜。	水滲透到半透膜內側。	半透膜破裂，溶解的金屬鹽流出。

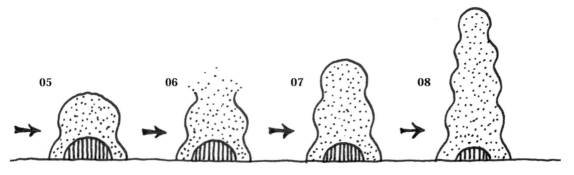

05	06	07	08
流出的金屬鹽和矽酸鈉產生反應，形成新的半透膜。	水滲入半透膜內側造成破裂，溶解的金屬鹽流出。	形成新的半透膜。	金屬鹽就以這種方式像植物一樣生長。

金屬鹽易溶於水，所以一進入矽酸鈉水溶液便會馬上溶解。溶解的金屬鹽和矽酸鈉產生反應，形成半透膜。
金屬鹽在膜的內側持續溶解，使濃度越來越高。這麼一來，水就會從濃度較低的外部滲透進膜內。水雖然可以通過半透膜，但溶進水中的金屬鹽分子卻無法通過，因此形成水單方面侵入的狀態，最後導致膜脹裂。
膜一旦脹裂，溶解的金屬鹽分子就會向外流出，並且馬上跟矽酸鈉產生反應，再次形成新的半透膜。
半透膜幾經脹裂又重新形成，我們就可以看到各種顏色的金屬鹽宛如樹木般逐漸長高。

01

在試管中培養奇異的化學草

─ Chemical Grass ─

一支支試管裡頭，裝的都是不同種類的金屬鹽。

改變水玻璃的濃度和溫度，紀錄化學草的生長狀況差異，也是一項不錯的暑假作業。

化學草有個優點──即使碰上輕微的震動，內部也不會劇烈搖晃，因此長好後不容易毀壞。

將好幾支化學草的試管擺上試管架，裝飾起來吧。

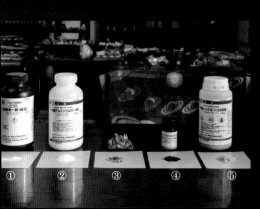

❖金屬鹽❖

①硫酸鐵（Ⅱ） 七水合物
$FeSO_4 \cdot 7H_2O$ 單斜晶系 Iron（Ⅱ）sulfate
日文中也稱硫酸第一鐵。結晶呈現淡淡的藍綠色，因此也有綠礬之稱。
實驗前：淺藍綠色 化學草：淺藍綠色

②硫酸鋁 14〜18水合物
$Al_2(SO_4)_3 \cdot 14〜18H_2O$ 單斜晶系 Aluminum sulfate
實驗前：白色 化學草：白色

③硫酸銅（Ⅱ） 五水合物
$CuSO_4 \cdot 5H_2O$ 三斜晶系 Chalcanthite
一般管道較難取得，所以此處使用膽礬的礦物標本。
製作時若摻到母岩部分會導致水玻璃混濁，請使用乾

淨的純結晶部分。
實驗前：鮮豔藍色 化學草：鮮豔藍色

④氯化鈷 六水合物
$CoCl_2 \cdot 6H_2O$ 單斜晶系 Cobalt chloride
實驗前：深紅色 化學草：藏青色

⑤氯化鎳（Ⅱ） 六水合物
$NiCl_2 \cdot 6H_2O$ 單斜晶系 Nickel（Ⅱ）chloride
用於電鍍加工。
實驗前：藍綠色 化學草：藍綠色

RECIPE
在試管中創造化學庭園

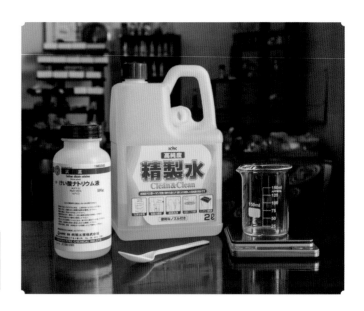

❖**Materials**❖
矽酸鈉、精製水※、各種金屬鹽
燒杯、電子秤、湯匙、試管

※譯註：加工消毒至近乎毫無雜質的純水。

01
在燒杯中裝入100ml精製水。

02
將**01**放上電子秤，邊測量邊加入10g的矽酸鈉。

03
以湯匙攪拌，使矽酸鈉充分溶解。水玻璃完成！

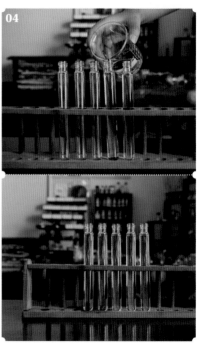

04
將水玻璃注入5根試管。

05

在每根試管中分別加入咖啡攪拌匙1匙量的各種金屬鹽。

❖化學草隨時間經過的成長狀態❖

剛放下去

1分鐘後

5分鐘後

10分鐘後

15分鐘後

也可以用迷你試管試試看！
用小型試管來培養也很可愛。

化學水中庭園

—在小水槽中製作色彩繽紛的水中庭園—

如果在大一點的玻璃瓶和水槽中製作會更加有趣。

各位可以多花點心思，嘗試加入玻璃和陶製的小裝飾品（※）。

日後再添加其他金屬鹽也樂趣十足。

❖Materials❖

矽酸鈉、精製水、金屬鹽、礦物標本
燒杯、電子秤、湯匙、有蓋子的玻璃瓶、免洗筷

※彈珠會滾動，容易破壞庭園的造景，所以
請使用穩定性較佳的裝飾品。

跟36p一樣製作出水玻璃。用量請配合要盛裝的玻璃瓶等容器的大小。

將水玻璃倒入玻璃瓶中,投入礦物標本。以免洗筷將標本調整至不會滾動的狀態。

分別在喜歡的位置加入半平茶匙的金屬鹽。我們的目的畢竟不是實驗,而是製作裝飾用的化學庭園水槽,所以依個人喜好在順眼的位置加入任何你喜歡的金屬鹽都OK。不過不要一次加太多,而是要一點一點加入,且每次加入的位置稍微分開一點。觀察化學草生長的狀態,慢慢加入新的金屬鹽,小心不要弄倒原本的化學草,就能做出漂亮的庭園。

蓋上蓋子,放在晃動較少的地方。

❖化學草隨時間經過的成長狀態❖

剛放下去

10分鐘後

20分鐘後

5小時後

❖水玻璃的濃度與化學草成長速度的差異❖

36p介紹的水玻璃的濃度比例是矽酸鈉：精製水＝1：10。

不同的金屬鹽，還有不同的水玻璃濃度、溫度，都會影響化學草成長的速度與高度。

矽酸鈉：精製水＝3：10　　　　矽酸鈉：精製水＝2：10　　　　矽酸鈉：精製水＝1：10

❖注意!!❖

水玻璃為強鹼性溶液，千萬注意別打翻。請放在兒童與寵物碰不
到的地方。若是沾到手，請立即以清水沖洗。丟棄時請倒在鋪有
舊報紙團的托盤上，待水分徹底蒸發後才能丟進垃圾桶（千萬不
可以直接倒進洗手槽）。

[什麼是金屬鹽]

金屬鹽就是酸的氫原子置換成金屬離子所形成的化合物，通常名稱會取作
「硝酸○○」、「硫酸○○」、「氯化○○」。○○放的是金屬名稱。千萬小心
別將硫酸跟硝酸混在一起，會形成王水，十分危險。

❖ 關於王水 ❖

王水（Aqua Regia）為西元800年前後，由伊斯蘭科學家阿布‧穆薩‧賈比爾‧伊本‧哈楊（Abu Musa Jābir ibn Hayyān）所發現。他先發現用食鹽和硫酸可以做出鹽酸，之後又將鹽酸跟濃硝酸混合，王水因而誕生。王水在十字軍東征時傳入中世紀的歐洲，除了銀以外的任何金屬都能溶解，尤其是連黃金都能溶解，於是眾鍊金術師便將這種溶液取作「Aqua Regia（王者之水）」。一般的王水是將濃鹽酸與濃硝酸以3：1的體積比混合而成的橘紅色液體。氯化銨和硝酸銨以1：3的比例混合的東西稱作「固體王水」，而濃鹽酸和濃硝酸以1：3的比例混合而成的東西則稱為「逆王水」。

❖ 用海藻酸鈉製作化學庭園 ❖

海藻酸鈉是海藻所含有的一種多醣類，海帶芽跟昆布上面黏黏滑滑的東西，就是海藻酸鈉造成的。
我們也可以用海藻酸鈉水溶液來代替水玻璃製作化學庭園。

在燒杯中加入150ml的水，再秤2.7g的海藻酸鈉加入其中混合。

將該溶液靜置一晚，使用前再次攪拌均勻。

將金屬鹽加入02中。

抓得住的水。宛如海月水母。

❖ 海藻酸鈉與抓得住的水 ❖

海藻酸鈉具有加入鎂離子和鈣離子就會膠化的性質。比方說，在氯化鈣水溶液中一滴滴加入海藻酸鈉水溶液的話便會產生化學反應，海藻酸鈉水溶液的表面會形成一層海藻酸鈣的膜，出現球狀的海藻酸鈉顆粒。人工鮭魚卵就是以這種原理做出來的。另外，用乳酸鈣進行的「抓得住的水」的實驗也十分受歡迎，材料也遠比氯化鈣來得安全。通常會用湯匙舀一匙海藻酸鈉水溶液加進乳酸鈣水溶液中，不過將乳酸鈣倒進模子拿去冷凍後，再丟進海藻酸鈉水溶液之中融化，同樣可以做出抓得住的水。在乳酸鈣中加入糖漿和稀釋用乳酸菌飲料原液，就可以做出可食用抓得住的水了。

chapter 2
Miniature
Garden

迷你庭園

迷你植物和礦物構築而成的迷你風景。

自種子發芽的仙人掌、多肉植物、樹木……。

使用小於普通尺寸的樹木與礦物，打造出生機蓬勃的盒中庭園。

RECIPE

在透明盒中創造迷你庭園

❖雪松的種子❖

播種時期：即採即種（於種子開始散布的時期取得種子，並馬上栽種）

發芽時間：看是什麼時候播種

雪松屬於世界3大造園樹木之一，是一種外觀呈現圓錐形的美麗樹木。個體長大甚至可達50公尺高，不過也可以用盆栽培育小型的雪松。

01

4月上旬，我在保鮮盒底部鋪了沾濕的廚房紙巾，將雪松種子放在上面1週左右讓它發芽。發芽後再移到裝了播種用土的杯中，覆上約1cm厚的土。大概1個月後就長成這樣。

02

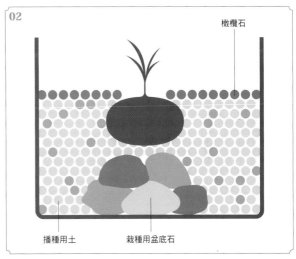

橄欖石

播種用土　　栽種用盆底石

在壓克力盒底部放入幾顆石頭，鋪上約2cm厚的播種用土，在想種植的位置挖出一個直徑3cm左右的洞，以湯匙將樹苗連同根部周遭的土壤一同挖起，移入洞中。擺設自己喜歡的模型和小東西，撒上橄欖石的結晶顆粒，置於陽光不會直射的明亮處。

1天澆1次水。用滴管滴在根部周圍的土壤，水量約5ml。如果葉片開始萎了就澆得頻繁一點。由於容器是透明的，只要從側面觀察，讓土壤始終維持在潮濕的狀態就不容易失敗了。

Seeds Data
種子的資料

公園中常見到雪松以及水杉的大樹，如果從種子開始種起，

就可以知道每棵樹都是從小小的幼芽開始成長的。雖然這也是理所當然的事，

但還是會有種不可思議的感覺。當小小的幼苗自土壤棉被露面時，我感受到了大大的生命力。

楓樹和合歡的葉子雖然小小一片，但確確實實是楓葉、合歡葉的形狀。

這些小植物簡直就是大樹的迷你版。

用小型容器（盆栽）去培養，就能享受好幾年迷你植物的趣味。

❖雞爪槭 Acer palmatum❖

又名日本紅楓，是日本最常見的楓屬植物，葉子分開成手掌狀。日文名稱「イロハモミジ」由來是因為雞爪槭的掌狀七深裂葉外型，恰好可用日文假名的其中一種排序方式（いろはにほへと）去細數。

播種時期：即採即種，2月～3月

發芽時間：5月中旬～隔年

播種方式：在盆栽中裝入播種用土，撒下種子，再覆上2cm左右的土。澆水時請用小孔的澆花器輕輕澆。若碰上大雨會導致種子露出土壤或流出盆栽，請多加注意。

關於幼苗與移植：幼芽會先冒出沒有鋸齒狀的雙子葉，接下來才會出現兩片楓屬植物特有的鋸齒狀葉片。

❖垂枝樺 Betula pendula❖

擁有白色樹幹的美麗樹木。常生長在寒冷地區。種子非常小，剛發出來的芽也僅有數公釐而已。

播種時期：即採即種，或是室外溫度能維持在5℃左右長達6周以上的時期

發芽時間：4月上旬～中旬

播種方式：播種於濕潤的土壤，溫度維持5℃左右經過6週以上，發芽率會大大提高。若受冷時間過短，則會到隔年才發芽。發芽過程需要光照，所以覆土不要太多，並將盆栽置於光線充足處。由於垂枝樺的種子很小，澆水時請以出水孔較小的澆花器輕輕澆下。若碰上大雨會導致種子露出土壤或流出盆栽，請多加注意。

關於幼苗與移植：垂枝樺在幼苗階段，莖的部分會呈現褐色。經過3年以上、莖粗超過3cm後，就會開始變白。發芽後繼續照料，約1年就可以長高到20cm左右。這個時候請移植到較大的盆栽裡，或是直接種在土地上。

❖木通 Akebia quinata❖

屬於蔓生植物，夏天可以用來當作天然植物窗簾。木通和一般的草不一樣，不需要每年都重新換植一批。秋天到了會結果，冬天則會落葉。當木通開始掉葉子，陽光也會開始照進房裡。

播種時期：即採即種，或是3～4月

發芽時間：4月中旬～5月上旬

播種方式：木通不喜乾燥環境，因此需要妥善控管水分充足，千萬不能沒水。只要到了適合的溫度，種子就會發芽了。

❖無患子 Sapindus mukorossi❖

果實就像是用樹脂做成的精巧裝飾品，十分可愛。果皮含有皂素，可以代替肥皂使用。種子可以作為念珠和羽板球（球的部分）的翅膀材料。

播種時期：2月下旬～3月下旬

發芽時間：4月中旬～5月中旬

播種方式：為避免果實乾燥，請放進塑膠袋並以常溫保存，當氣溫開始暖和起來後播種。若在寒冷的時期播種，種子會受到寒害導致無法發芽。

❖圓葉海棠 Malus prunifolia❖

日文中又有犬蘋果（イヌリンゴ）的別名。在日文中，若植物名前面加上「犬」字的話，代表該植物比名字沒有加上犬字的種類還要小株。秋天時圓葉海棠會結出小小的蘋果果實。

播種時期：即採即種

發芽時間：3月上旬

播種方式：即採即種就會發芽。注意保持水分充足，室外氣溫若夠冷便會刺激發芽。

❖天女栲 Castanopsis sieboldii❖

經常栽種於日本的公園或道路兩旁。果實經翻炒過後內部可食。樹幹可以拿來做成木炭或是栽種香菇的段木。樹皮含有豐富單寧，用於日本傳統手織品「黃八丈」的黑色部分染料。

播種時期： 即採即種，或是3～4月

發芽時間： 5月

播種方式： 即採即種方式的發芽率原本就非常高，但假如種子採集下來後想要隔一段時間再栽種的話，由於天女栲種子在低溫狀態下也會發芽，所以請確保種子乾燥並放入冰箱冷藏保管。

❖野村楓 Acer palmatum cv.sanguineum❖

雞爪槭的園藝品種（另一說為大紅葉楓樹的變種），江戶時代開始便有人於自家庭園栽種。「野村」在此有濃紫色的含意，夏天時其葉片也會呈現紅楓般的濃艷紅紫色。

播種時期： 即採即種～3月

發芽時間： 5月中旬～隔年

播種方式： 即採即種方式的發芽率原本就很高，不過和雞爪槭不同的是，野村楓種下後的第2年會開始大量發芽。假如要在春天後播種，需將種子浸泡在冷水中2天左右，並保持種子濕潤，放進冰箱冷藏2～3週，擬造寒冷的氣候。做完上述動作後再栽種就能提高發芽率。

關於幼苗與移植： 發芽且長出本葉後，大約長到5cm高就可以移植了。移植時注意不要傷及根部，利用湯匙或手指將樹苗連同根部周遭土壤一同挖起。種下前，先將移植容器中的土挖出一個洞，深度約等同於移植苗的根長，之後再將樹苗放入。

❖ 種植橡實－枹櫟－ Quercus serrata ❖

橡實是殼斗科櫟屬樹木所結出的果實統稱。一般可能會在路上撿到，只是也許沒什麼人會想到拿來種植。不過橡實很會發芽，只要注意水分充足，發芽的機率就很高，而且成長旺盛。

播種時期：即採即種，或是2～3月
發芽時間：4月下旬～5月上旬
播種方式：枹櫟種子屬於大型種子，因此覆土要厚一點（3～5cm）。只要確保水分充足，發芽率近乎100%。

盆栽底部放入石頭，倒入播種用土，將橡實埋進約2cm深。　　冒芽了！接下來會越長越高。

新芽呈現耀眼的銀色。

❖ 櫸樹 Zelkova serrata ❖

樹形美觀，常見於日本神社與公園。特徵為葉緣呈現鋸齒狀，秋天會變色為美麗的紅葉。冬至落葉，春來發芽，新芽同樣呈現紅色。

播種時期：即採即種，或2～3月上旬
發芽時間：4月上旬～5月
播種方式：即採即種方式的發芽率原本就很高，請確保水分充足。冬季天冷時較容易發芽，土壤溫度超過20℃則難以發芽。
關於幼苗與移植：水分充足狀態下，自發芽2週後大約會長高至3cm。要裝飾在迷你庭園裡時，請用湯匙將植株連同根部周圍土壤一同移植。

可以長到20～25m高！

❖ 櫻花（染井吉野櫻）Cerasus×yedoensis (Matsum.) Masam. & Suzuki 'Somei-yoshino' ❖

櫻花的代表。日本櫻花的開花日期，就是根據日本氣象廳的染井吉野櫻標本樹的狀況來公布。染井吉野櫻為江戶彼岸櫻跟大島櫻雜交而生的品種，因為是取其中一進行嫁接、無性繁衍而成，學名才會這麼長。

播種時期：即採即種，或是3月

發芽時間：5月

播種方式：播種時請先將種子浸泡在水中1～2天，種下後請確保土壤維持濕潤。

關於幼苗與移植：若於幼苗時期移植，枯萎的機率很高。假如一開始就種在打算用來製作迷你庭園的容器中，那就沒什麼罣礙了。但如果真的要移植幼苗，請注意不要傷及根部，用湯匙等器具將植株連同根部周圍土壤一同挖起進行移植。

❖ 仙人掌 Cactaceae ❖

約於16世紀後半期傳入日本，當時將仙人掌帶進日本的外國人會將仙人掌樹液當作肥皂使用，因此一開始仙人掌的日文名稱「シャボテン」和肥皂（シャボン）發音很相近，後來才變成現今的日文名稱「サボテン」。日本大部分容易找到的仙人掌盆栽都是數種仙人掌混在一起，因此發出的芽也形狀各異，個體長大後才會知道到底是哪種仙人掌。辨識仙人掌的種類也是一件有趣的事情。

播種時期：避開盛夏、寒冬時節，獲得種子後盡早栽種

發芽時間：氣溫20℃以上

播種方式：在保鮮盒中鋪上2cm厚的播種用土或細砂，進行播種。不需要覆土。用噴霧器輕輕灑水，並蓋上蓋子避免水分蒸發光（蓋太緊的話會悶到發霉，所以蓋的時候稍微把蓋子跟容器錯開，輕輕放上去就好）。

我在雪花球的容器裡做了一個迷你庭園。在合乎底座的圓型盒子（可隨身攜帶的乳液罐或小型培養皿之類的）中放入播種用土，用鑷子將發芽且長出刺的仙人掌種下，並擺設迷你模型和小型礦物標本。由於仙人掌有用雪花球罩住，1個禮拜差不多澆1次水就沒問題了。如果雪花球內部因濕氣開始出現水珠的話，就拿起來擦拭乾淨，讓內部透氣一下。

左：仙人掌也是雙子葉植物，因此會長出飽滿的雙子葉。右：如果是牽牛花，會在長出雙子葉後冒出本葉。仙人掌則是長出刺座（areole）後，再從刺座長出刺。

❖碧光環 Monilaria obconica❖

碧光環的原產地在南非的乾燥地帶，褐色的塊莖上會長出非常可愛的兔耳朵，還會慢慢伸長。表面儲存著糖分，看起來亮晶晶的。

播種時期：秋～冬

發芽時間：室內（20℃）

播種方式：在保鮮盒中盛裝約容器1/3深的播種用土，以噴霧器仔細噴濕土壤。待土壤濕潤後將種子撒下，不需要覆土。撒下種子後再噴以少量水霧，蓋子稍微錯開輕覆，避免內部悶濕。

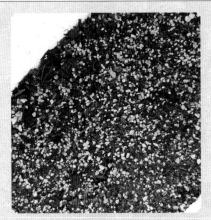

剛發芽的碧光環。不知道各位小學時有沒有種過牽牛花？一開始會先冒出雙子葉，之後才冒出本葉。多肉植物的碧光環在剛發芽時也是呈現一對葉片的形狀。

兔耳朵出現。微小的雙葉狀嫩芽中間，冒出了兔子耳朵的形狀。

放入維拉克魯茲紫水晶與會蓄光的大理石，種下碧光環。插上情景模型用的柵欄模型，並將小鳥的模型黏在紫水晶上。

❖培育種子時的共通法則❖

好像幾乎所有樹木的種子在採下後馬上栽種的話，發芽率都很高。然而花草類卻不一樣，有不少種類甚至播種後會遲至隔年才冒新芽。由於這些植物不會馬上發芽，所以請將眼光放遠一點，持續不懈地悉心照料。播了種的盆栽和杯器可以放在室外，只不過碰上大雨的話可能會令種子流出盆栽，或是打折了剛發芽的幼苗。所以遇上大雨時，我會將它們移到室內。

從小種子冒出的幼芽，根部並沒有那麼長。不過，當各位打算移植橡實發出的芽時，想必會非常驚訝它的根竟然已經長得那麼長了。因此，種植橡實的時候請選擇較深的盆栽。但如果不想要種出太大棵的橡樹，就盡量使用小一點的容器，而且一盆只種1株，這麼一來就能夠抑制生長大小了。

1. 關於土壤

可以使用生活百貨賣的「播種用土」。播種用土含有高溫殺菌過後的赤玉土，細菌不易入侵。

2. 播種（仙人掌與碧光環）

保鮮盒中裝進大約容器1/3深的播種用土，用噴霧器仔細噴濕。

土壤濕潤後撒下種子，且不要覆土。接著再從上方噴灑少許水霧，蓋上蓋子（蓋蓋子時不要蓋密，稍微錯開保持空氣流通，避免內部悶濕）。

昭和的人偶、
平成的人偶

先父生前有培養盆栽的興趣。利用柔軟的鋁線捲起弱不禁風的小樹，塑造樹幹的形態以及枝條生長的模樣。父親自製的旋轉台上，那些纏繞著鋁線的樹木，簡直就像當時那種崇尚運動精神與毅力的棒球漫畫主角，全身穿戴體能強化訓練器，又或是說像戴著矯正牙套的門牙一樣，光看就覺得很痛……我並不太喜歡這樣。隨著植物成長，也必須重新調整鋁線纏繞的方式，避免鋁線咬進樹幹。經過無數次調整後，外型端正的樹木才終於能夠脫離鋁線的束縛，並從便宜的素陶盆移植到美麗的盆栽中，維持端莊的姿態，享受鋪上蘚苔棉被的禮遇。

纏線矯正的過程得費上數年。父親年邁後已經慢慢遠離盆栽，開始玩起小型草木與苔癬了。

他那時經常將他珍愛的石頭和小型的山野草擺進同一個花盆，做成一件盆石（水石）作品，並在附近每年都會舉辦的「山野草與水石展」中展出。有時，他會在鋪了部分白色小石子的盆栽中放上拱橋模型和釣客小人偶，也會在種了草木與擺放石頭的水盤邊設置積水，放點稻田魚進去游來游去。

不是草的「小型樹木」實在很難取得，種類也十分有限。於是，我建議父親：「那就從種子開始自己栽培吧。」我們從松果上採集種子、到隔壁的神社找尋橡實、撿拾彈到洋樓庭園中的雪松種子，帶回家試種。結果在這些種子長出來、用來裝飾小盆栽前，父親便猝然長逝了。

之後我把大多數種子都丟了，但盆栽的書跟園藝剪刀、放入石頭與種植多樣山野草的盆栽、還有從種子開始栽種樹木的行為，這些都由我繼承下來了。盆石的部分，我將原本上面放的石頭換成藍色的螢石或金色的黃鐵礦等礦物，成了本書中出現的迷你庭園。

昭和時代的人偶主要會用來裝飾盆栽，當時可以在園藝店買到。那些人偶能表現的風景不多，所以印象中看來看去都是釣客，再不然就是揹著行囊的旅人之類的。最近生產這種人偶的製造商也越來越多，已經能買到擺出各種姿勢的人偶或是動物模型了。其中德國的Preiser（博蘭）公司所出品的人偶更是做工精細。這些小人偶是用在以鐵道模型為主流的情景模型上，因此比例也非常精準。拿捏好實生苗（從種子開始發芽長出的樹苗）大概長得多高，再搭配適當比例的人偶，就能創造出栩栩如生的景象。

chapter 3
Oil Bottle Garden

油瓶庭園

礦物、貝殼、植物，在玻璃瓶中拼湊出如詩如畫的風景。

在小型果醬瓶和香料瓶中，加入礦物、貝殼、植物，

再灌滿礦物油或矽油。

❖Mineral Herbarium❖
什麼是礦物浮游花

前幾年開始，一種名為「浮游花（Herbarium）」的美麗瓶罐掀起一陣風潮。「Herbarium」本來是植物學上的詞彙，意思是齊全的植物標本或是收藏那些標本的房間或設施。現在講到「Herbarium」，很多人腦中浮現的可能是將乾燥植物標本浸泡在油液裡做成的東西。使用不同種類的植物、不同的部位，就可以享受在瓶中拼貼的樂趣。

植物標本包含了「乾燥標本」，以及某些因樣本狀況進行「浸液」處理的標本。保存液通常會使用酒精或福馬林，但現代這種將植物的乾燥標本再用油液去浸泡的「Herbarium」，可以避免水分造成的發霉與腐敗，還能達到減緩褪色的效果，在標本保存上成效顯著。

我們咖啡廳的工作坊也不落人後，馬上引進，並增加了礦物和發光的石頭、貝殼以及鈾玻璃，讓浮游花再進化。礦物浮游花上還可以放入前面那些雪花球、玻璃箱庭園沒辦法用的金屬零件。

將陶製的樓塔直立在香料瓶中，用植物和礦物營造四季的風貌。

SPRING [春]

用淺綠色的小橄欖石結晶顆粒，以及粉紅色的紅水晶做出春天的曠野。利用嫩草色的永生花和乾燥花添上新綠，鱗托菊和胡椒的粉紅果實醞釀出春天的氣息。鱗托菊和胡椒會浮起來，如果想要讓它們沉到底下，請以枝條小心抵住。

❖Materials❖
水晶顆粒、紅水晶顆粒、橄欖石結晶顆粒、清爽鮮嫩的蔓生植物、鱗托菊、粉紅胡椒果、卷絲草

用藍色玉髓、以及美國猶他州賓漢礦場產的螢石碎片，營造出夏天的碧海藍天印象，再加入少量的水晶顆粒來表現光芒。丟入貝殼和海星的話更有夏天的感覺。

❖Materials❖
水晶顆粒、藍色玉髓顆粒、螢石碎片、小型海螺殼、海星骨骼標本、繡球花（永生花）

SUMMER [夏]

秋天的顏色可以用落葉來代表，也可以用葡萄的紫或是酒紅色來彰顯，每個人對於秋天的主題色想法都不同。我添加了帶有小麥色以及落葉的金黃色、紅褐色的小石頭，乾燥花的部分選用高雅的虎眼和褐色的纓蘆葦※。

※譯註：タッセルリード。

❖Materials❖
蛋白石顆粒、紅玉髓顆粒、虎眼、纓蘆葦

極力不使用任何顏色，以白色統一整體。其中點綴少量的褐色纓蘆葦。

❖Materials❖
水晶顆粒、微小水晶單晶、鳥類羽毛、滿天星、纓蘆葦

瓶中再放入理化標本般的小瓶子，周圍飾以植物和礦物。封存在
油液中，便會創造彷彿時間停止的靜謐氛圍。

RECIPE

時間靜止的瓶中理化教室

❖Materials❖
德國黑森林產的藍色螢石2種、水晶
顆粒、滿天星、繡球花、試管中放了
翠鳥的羽毛和古書頁紙片，並用矽膠
瓶栓封好

❖［應用變化］染色方法❖

用牙籤尖端沾一點液體染料來進行混合。比起全部染成同一種顏色，做出漸層的話會看起來更漂亮。如果想在容器底部上色，就將竹籤插到底部慢慢攪勻。如果想在上層染色，則將竹籤插到表面附近的深度為止，慢慢攪拌。礦物油分成許多種類，這裡使用的礦物油黏稠度較高，所以染料不會完全溶解，會殘留細小顆粒。根據使用油液和染料的不同，有些可以混合得十分徹底，有些則相反，怎麼也無法溶解，請事先測試過後再實際使用。染料散不開來，形成沉在底部的小球也是一幅有趣的景象。

要替油液上色時，請事先確認手上的油液種類跟染料之間的相容性。先拿一個小瓶子，將油液倒入。

以滴管滴入1～2滴染料，拿牙籤攪拌混合。

就算染料攪不開、變成顆粒沉到底部，也可能會在幾天後自然溶開，所以請多花點時間測試。如果染料過一段時間就能溶化，那反而更適合用來創造漸層，所以也可以事先做出染好色的油液，方便使用。

RECIPE

閃蝶標本盒

用透明的壓克力盒當作標本盒,將裝在培養皿中的閃蝶沉入盒底。螢石的碎片原本是為了讓培養皿斜立起來才放下去的,不過根據觀賞的角度,我們可以隱約瞧見閃蝶翅膀後頭極具清涼感的水藍色,和閃蝶帶有金屬光澤的藍色相互輝映。宛如天鵝絨質彩球般的紫色虎眼則點綴其上。閃蝶的翅膀顏色屬於結構色(參照102p),如果直接丟到油液中就只會看到咖啡色,所以我們用聚乙烯材質的小袋子裝好,灌入樹脂後再拿來使用。

❖Materials❖
培養皿中灌入樹脂後凝固的閃蝶、湖南省產螢石碎片、虎眼

01
將螢石碎片放在壓克力盒角落。

02
讓裝著閃蝶的培養皿斜靠在螢石上。

03
用紫色的虎眼來裝飾,注入油液後完成!

我先在小型三角燒瓶中製造出磷酸二氫銨（磷銨石）人工結晶，再將整個燒瓶裝進大玻璃瓶中。底部鋪滿綠色和藍色的螢石顆粒，放入淺綠色的小型蔓生植物跟繡球花。三角燒瓶的玻璃瓶身薄，會在瓶中浮起來，所以我在上蓋的內側黏了其他燒瓶的瓶栓，把小燒瓶抵住。

❖Materials❖

在三角燒瓶裡做出的磷酸二氫銨人工結晶、螢石顆粒、清爽鮮嫩的蔓生植物、繡球花、樹脂專用著色劑「寶石水滴（藍色）」

01 將螢石顆粒鋪在玻璃瓶底部。

02 放入裝著磷酸二氫銨人工結晶的三角燒瓶。

03 放入做成永生花的小型蔓生植物。

04 放入做成永生花的繡球花。

05 直接將油液倒入。由於燒瓶會浮起來，所以燒瓶的位置留到後面再固定。

06 用牙籤滴入幾滴藍色的樹脂專用著色劑「寶石水滴」，輕輕攪開，製造油液的藍色漸層。

07 在玻璃瓶蓋的內側，用三秒膠黏一個三角燒瓶的瓶栓上去，就像照片看到的一樣。對好小燒瓶後再將蓋子旋上。

絨球瓶

讓蒲公英的絨球在小型三角燒瓶中綻開，再將整個燒瓶放進玻璃瓶中。底部鋪滿水藍色和綠色的螢石顆粒，燒瓶周圍則搭配一些與絨球飛舞季節相襯的淡色植物。

❖Materials❖
裝著蒲公英絨球的三角燒瓶、螢石顆粒、水晶顆粒、錳方解石、鱗托菊、蘆筍的葉子、滿天星、繡球花2色、清爽鮮嫩的蔓生植物

在大玻璃瓶中放入裝著蒲公英絨球的三角燒瓶。

在01中鋪上一層約5mm厚的螢石和水晶顆粒。

03

放入錳方解石。

04

放入做成永生花的綠色繡球花。

05

放入做成永生花的淡紫色繡球花。

06

放入滿天星、鱗托菊、蘆筍的葉子、小型蔓生植物。

07

倒入油液。

08

蓋上蓋子就完成了！

❖ ［應用變化］標本油燈 ❖

使用芳香蠟燭的瓶子以及燈油。我會將瓶中的內容物塞到瓶身2/3以下的深度，以免燈油減少時內容物馬上就露出液面。添加香精油的話，就能做成色香俱佳的標本油燈了。

chapter 4
Aqua
Garden
海洋庭園

書桌周圍擺放著小型潮池。

用小小的果醬瓶、保存瓶以及培養皿，飼養棲於水中的生物。

❖水母與生命的故事❖

小時候，我們一家人曾到海水浴場抓過海月水母。想說要帶回家養，所以把水母跟海水一起裝進了桶子，可是到了隔天卻不見水母的蹤影。民宿的大哥哥告訴困惑不已的我說，水母死掉後會溶解、回歸水中。後來我一直對「水母沒辦法養在家裡」這句話記憶猶新。時光荏苒，數年前，日本掀起了一陣水母熱。附近車站裡的大水族箱中也有展示海月水母，我心想：「水母明明就可以養嘛!!」開開心心地跑到車站去看。然而海月水母的壽命只有約1年，在水族箱裡的話則據說只有半年。我突然心生感嘆：「跟一年生草本植物一樣啊……。」之後，我認識了一些販賣「水螅（體）」的人。水螅體就是水母前一個階段的形態。在我書桌周邊，各種水螅體一小池、一小池地增加，潮池中的各種水螅體透過無性生殖繁衍，後來產生了水母。水母的壽命有限，死掉後便會回歸水中。然而水螅體卻會繁衍不息，簡直就像多年生草本植物一樣。自水螅體產生的水母，猶如多年生草本植物的花，花凋謝後剩下根莖，而根莖會再度開出花來。

❖水母的生活史❖

不說「水母的一生」而是以「水母的生活史」來表現，是因為水母並非自出生後就循著衰老、死亡的單行道前進。底下講的是海月水母的生活史，而仙后水母和珍珠水母的水螅體則會產生浮浪幼芽（類似浮浪幼蟲的小東西），再發展成水母。水螅體上會冒出顆粒狀的東西，那些顆粒游離、附著在其他東西上後便長出新的水螅體。還有，海月水母會自1個水螅體產生許多蝶狀幼體，但仙后水母和珍珠水母卻是1個水螅體就產生1個蝶狀幼體。水螅體的前端部分會變形，之後變成水母的外型，開始拍動、游離。另外，放射枝手水母和厄瑞涅水母（Eirene menoni）這類水母，則會伸出一種名為stolon的有如植物葡匐莖般的東西，並自葡匐莖長出水螅體來繁殖。這種水母不是直接從水螅體演變成水母成體，而是從這個葡匐莖上冒出一種叫水母芽的東西，然後成熟變成水母。至於燈塔水母的水母成體（medusa，成熟水母之意）死亡後會萎縮，有些會在萎縮後又冒出水螅體。八斑芮氏水母（Rathkea octopunctata）和子持鉤手水母（Solionema suvaense）則會直接在水母型態的傘狀體中長出新的水母。雖然這些生物統稱水母，但不同種類的水母有不同的繁殖方式。將小巧的容器擺在一起，仔細觀察，會發現非常豐富的水母生活史，怎麼也看不膩。

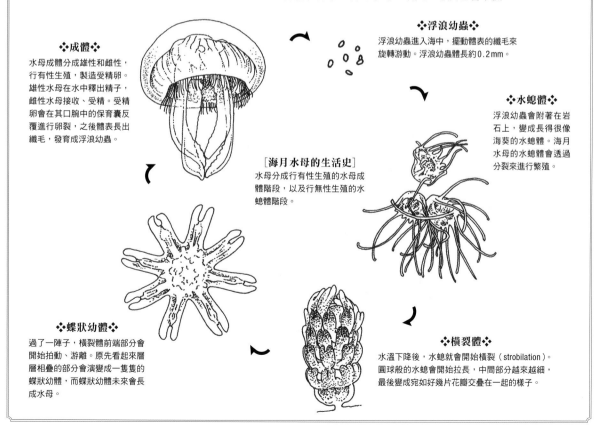

❖浮浪幼蟲❖

浮浪幼蟲進入海中，擺動體表的纖毛來旋轉游動。浮浪幼蟲體長約0.2mm。

❖成體❖

水母成體分成雄性和雌性，行有性生殖，製造受精卵。雄性水母在水中釋出精子，雌性水母接收、受精。受精卵會在其口腕中的保育囊反覆進行卵裂，之後體表長出纖毛，發育成浮浪幼蟲。

❖水螅體❖

浮浪幼蟲會附著在岩石上，變成長得很像海葵的水螅體。海月水母的水螅體會透過分裂來進行繁殖。

[海月水母的生活史]
水母分成行有性生殖的水母成體階段，以及行無性生殖的水螅體階段。

❖蝶狀幼體❖

過了一陣子，橫裂體前端部分會開始拍動、游離。原先看起來層層相疊的部分會演變成一隻隻的蝶狀幼體，而蝶狀幼體未來會長成水母。

❖橫裂體❖

水溫下降後，水螅就會開始橫裂（strobilation）。圓球般的水螅會開始拉長，中間部分越來越細，最後變成宛如好幾片花瓣交疊在一起的樣子。

RECIPE

製作海水

海水的鹽分濃度約為3.3～3.5%。實際情況會依地區、深度以及溫度而有所差異。專門飼養海洋生物的人會將海水溫度設定在25℃，再以「比重計」測定鹽分濃度，調整成比重1.020～1.023的程度。不過，「小型潮池」用的海水，使用鹽分濃度計來測量也沒什麼關係。

小型潮池用的海水，鹽分濃度要比一般用於飼養海水魚的海水來得低，大約調整到2.5～2.8%。

雖然根據潮池的大小和數量，事先製作起來儲備的海水量會有所變化，但可以先以500ml的寶特瓶為1個單位來製作。我會準備2瓶寶特瓶，當其中1瓶的海水快要見底時，就再做1瓶起來備用。

❖關於比重❖

據說一般25℃海水的比重為1.023。意思是假設4℃純水的重量為1.000，則相同體積的海水的重量對上1.000會是1.023。而這種海水降至10℃時，比重會提高到1.027。

❖Materials❖

礦泉水或氣泡水的500ml寶特瓶、紙膠帶、水質穩定劑、人工海水素、電子秤

在開封前的500ml礦泉水或氣泡水寶特瓶瓶身水面處標上記號（可用油性簽字筆畫線或貼上紙膠帶）。

享用完裡面的水後，打開水龍頭沖洗乾淨。

裝入自來水到標記的高度。

丟入水質穩定劑。

用電子秤量14g人工海水素，加入03中。

旋緊瓶蓋搖晃均勻，靜置一晚後再使用。

❖有關人工海水素❖

13g的人工海水素大約可以調出濃度2.53%、14g可以調出濃度2.72%的海水。不同廠商製造的海水素之間有些微差異，請先確認資訊後自行計算用量。鹽分濃度就算有些微浮動也不會造成太大影響。拿到生物後，先將原本裝著該生物的海水放到室溫狀態，去測量其鹽分濃度（比重），調配出相同濃度的海水再進行飼養就沒什麼好擔心的了。這種時候，如果有事先備好較濃的海水以及淡水（加了水質穩定劑的自來水或礦泉水（軟水）），以及比重計或是鹽分濃度計的話，就能夠馬上做出相同鹽分濃度的海水了。

Classification of Jellyfish

水母的分類

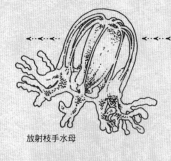
放射枝手水母

花水母目 Anthomedusae：
水母、浦島水母、放射枝手水母、
帆水母、燈塔水母

軟水母目 Leptomedusae：
維多利亞管水母、覆盆軟水母

水螅蟲綱
Hydrozoa

淡水水母目 Limnomedusae：
花笠水母、桃花水母、鉤手水母

硬水母目 Trachymedusae：
唐傘水母

剛水母目 Narcomedusae：
鼓水母、日輪水母

管水母目 Siphonophorae：
僧帽水母、和尚棘水母、盛裝水母、
花輪水母、垂枝櫻水母、五角水母

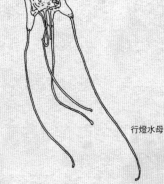
耳喇叭水母

十字水母綱
Staurozoa

十字水母目 Stauromedusae：
耳喇叭水母、小漏斗水母、
十字水母

立方水母綱
Cubozoa

立方水母目 Cubomedusae：
行燈水母、波布水母、
澳大利亞箱形水母、
伊魯坎吉水母

行燈水母

冠水母目 Coronatae：
礁環冠水母、紫藍蓋緣水母、紅斑遊船水母

旗口水母目 Semaeostomeae：
海月水母、幽靈水母、赤水母

鉢水母綱
Scyphozoa

根口水母目 Rhizostomeae：
珍珠水母、蝶形棱口水母、備前水母、越前水母、
仙后水母

海月水母

❖燈塔水母❖

日文名稱：ベニクラゲ（紅海月、紅水母）
英文名稱：Immortal Jellyfish　學名：Turritopsis spp.
水螅蟲綱　花水母目　棒螅水母科　燈塔水母屬

因可以「返老還童」而聞名的水母。燈塔水母類為直徑5～10mm左右的小型水母，傘狀體透明，可以看見紅色的消化器官。觸手內側有眼點，同樣呈現鮮豔的紅色。

一般的水母壽命走到盡頭便會縮小、死亡，然而燈塔水母可以在縮小成肉丸般的狀態後，再次回到水螅體階段。不過並非所有的燈塔水母都會返老還童，研究發現，如果用針物理性刺穿年輕的個體，該個體的復活率是最高的。

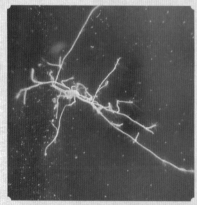

燈塔水母的水螅體。自絲線般的匍匐莖長出有如牙間刷的水螅體。

紅色內臟清晰可見，就像透明雨傘中的水果一般。燈塔水母會縮起觸手，拍動上浮。

觸手張開，像降落傘一樣緩緩下沉。年輕個體只有少少的8根觸手，不過有些個體成熟之後會長出數百根觸手。

❖海月水母❖

日文名稱：ミズクラゲ（水海月） **英文名稱：**Moon Jelly、Water Jelly
學名：Aurelia spp. 缽水母綱 旗口水母目 海月水母科 海月水母屬

講到水母，許多人腦中第一個浮現的大概就是海月水母。我認為這應該是最
受歡迎的種類了。海月水母經常漂浮於港口附近，而到日本海水浴場時看到
那些被打上岸的水母，大多都是海月水母。

海月水母分成雄性以及雌性，雄性將精子釋放到海中，雌性接收之後便會擁
著受精卵。

海月水母在日文中有四目結紋水母（ヨツメクラゲ）的別稱，從傘狀體上方
一看，就可以看到四目結紋（❖）般的四顆圓球兩兩排好的樣子。雄性的這
個特徵看起來晶瑩剔透，而懷著受精卵的雌性，則會呈現帶有蔥褶條紋般的
花瓣模樣（保育囊）。將懷著受精卵的雌性水母連同海水一起裝進桶子，摩
擦口腕末端的棒狀附屬器，就能採集到受精卵分裂後產生的浮浪幼蟲（雖然
海月水母的毒性不強，但還是建議戴上手套再進行）。採集方法雖然分很多
種，但如果直接抓住水母，人類的體溫會燙傷水母，所以處理時我會盡量避
免去摸到。一旦採集到浮浪幼蟲，就將水母放回海中。

海月水母的成體壽命雖然有個體差異，但多介於半年到1年左右。

浮浪幼蟲僅有0.2mm大，肉眼難以觀察到，不過我們可以從顯微照片上看到是呈現橢圓形的。浮浪幼蟲會以鞭毛游動，附著到岩石上，長出像海葵一樣的水螅體
（螅狀幼體scyphula）。飼育水螅體時，如果水溫急速下降，便會引發橫裂（變成橫裂體）。不過條件不光是水溫，還需要調節飢餓程度、個體數密度、光線等因素，
只不過最大的關鍵還是水溫。一旦開始橫裂，原本伸出觸手進食的水螅體中間部分便如腰身般開始凹進去，這凹進去的部位會越來越清楚，並變成橘紅色，觸手會
開始退化，像花朵狀的碗層層相疊一樣堆起……

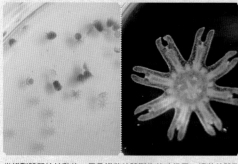

當橫裂體開始拍動後，便是蝶狀幼體誕生的時候了。蝶狀幼體剛
出生的外型長得就像一朵花，或是說像齒輪。齒輪的鋸齒部分
（或是說類似花瓣的部分）稱作緣瓣。緣瓣的尖端會分成兩半，中
間凹陷處的每一個一個點，那個點叫作感覺體。正中間突出的部
分則是口腕。隨著成長，蝶狀幼體會越來越圓，顏色也會從橘色
變成有點白白的半透明色。這個時期稱作metephyra（幼水母），
接著再變得更圓，最後變成我們常見的水母外型。

傘狀體張開的尺寸到達2cm左右後，就將水母換到有水流的水槽中飼養。將水螅體養在果醬瓶
中，1週大概餵食1次豐年蝦，餵食後進行換水。這些水螅體到了冬天氣溫下降時就會生出水
母，我們再將游離出來的水母移到別的容器飼養。飼養水母跟飼養水螅體時一樣，餵食豐年蝦
4小時後必須將整個容器中的水換新。事先準備好2個飼養容器，當水母吃完餌後，用滴管把
牠們吸起來，就可以輕輕鬆鬆換到裝著乾淨海水的容器中。而產出水母的水螅體會再度伸出觸
手，變回原本的水螅體。水螅體會自體分裂，以無性生殖方式一直繁殖下去。水母的壽命大約
介於半年到1年之間，到了夏天差不多就死了。不過夏去冬來，水螅體又會生出新的水母。

❖仙后水母（倒立水母）❖

日文名稱：サカサクラゲ（逆さ海月）　英文名稱：Mangrove Jellyfish
學名：Cassiopea ornata　鉢水母綱　根口水母目　倒立水母科　倒立水母屬

仙后水母是所有水母中最好養的一種。
首先在果醬瓶等容器中裝入海水，接著放入仙后水母。適當的飼養水溫是20～25℃，所以寒冬時需要做好保溫。最好的保溫方式是在爬蟲類用的保溫墊上鋪好紙，並將飼養瓶放在上面。不過平時放在客廳，晚上溫度開始下降的時段再放進保麗龍箱也沒關係。
仙后水母會跟體內的蟲黃藻共生，瓜分蟲黃藻行光合作用製造的養分。有一種說法是仙后水母之所以會倒過來，是為了讓蟲黃藻能夠充分曬到太陽。蟲黃藻較少的仙后水母會呈現藍色，非常漂亮。

❖仙后座的故事❖

仙后水母的學名「Cassiopea」，就是希臘神話中安朵美達的故事裡出現的那位卡西奧佩婭。

衣索比亞王國的王妃——卡西奧佩婭，十分自豪女兒安朵美達生得美若天仙，甚至妄言她比波賽頓的孫女更美麗。波賽頓聽聞此事，大發雷霆，派出名為提亞馬特（有些版本為凱托）的巨鯨海怪前往衣索比亞的海岸。

提亞馬特張開血盆大口吞入大量海水，引發海嘯。

再這樣下去，百姓都會在海怪的攻擊中喪生……國王凱佛斯請示眾神究竟該如何是好，眾神告訴他，只有獻上安朵美達作為祭品才能平息海神波賽頓的憤怒。

畢竟這是則故事，之後還發生了許多事情，但總之最後安朵美達成了祭品。

就在這個時候——
勇者珀爾修斯剛討伐了能把雙眸所見之物盡數變成石頭的梅杜莎。他拎著梅杜莎的頭，騎著天馬貝卡斯前往母親所在的賽里弗斯島時，發現了被鎖鏈綁住的安朵美達。

珀爾修斯是眾神之王宙斯的兒子。

他對國王及皇后提出請求：「如果我擊退了提亞馬特，請將安朵美達許配給我。」

國王皇后當然同意了。

珀爾修斯將梅杜莎的首級拿到提亞馬特面前，想當然耳，提亞馬特變成了石頭，沉入海中。

……之後，他們舉辦了結婚典禮。可喜可賀、可喜可賀。這就是希臘神話繪本中所描述的故事。

W狀的仙后座會以北極星為中心倒著轉動。據說諸神懲罰卡西奧佩婭永遠坐在一張椅子上，那張椅子就是仙后座了。有人說仙后水母的學名會取作Cassiopea，是因為仙后水母的外型讓人聯想到仙后座倒過來的W形。

話又說回來，有一件完全無關的事情，就是這則神話中出現的梅杜莎。希臘神話中，梅杜莎是波賽頓的情婦，後來遭珀爾修斯討伐，被砍下了首級。

梅杜莎的頭髮為一條條的蛇，可以把看到的一切事物都變成石頭，是十分可怕的一名狠角色。而梅杜莎（Medusa）其實也是水母成體階段的名稱。

鉢水母綱、根口水母目的水母行有性生殖，會產卵，而後發展成浮浪幼蟲在海中游來游去。浮浪幼蟲會附著在岩石上，變成外型酷似細長的植物莖、且前端開了一朵花般的水螅體。水螅體身上像花的部分一帶，後來會冒出一些顆粒狀的東西。這東西長得很像浮浪幼蟲，名字叫作Planuloid（浮浪幼芽），其字義同樣是「類似浮浪幼蟲的東西」。浮浪幼芽自水螅體分離後，會附著在某些東西上長成水螅體。水螅體就是透過這種方式，不停放出浮浪幼芽，進行無性生殖來繁衍下去。

水螅體上長得像花的部分，其前端觸手會捕食海中的浮游生物來成長。在某一天，前端會開始變形成水母的形狀，觸手也開始退化，變成莖部正上方彷彿黏著一隻小水母的模樣。數日後前端開始拍動、游離，而排出小水母體的水螅體將會再度伸出觸手，變回原本的樣子。

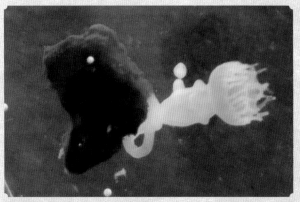
仙后水母的水螅體。前端（下側圓形部分）開始橫裂，變成水母的外型。

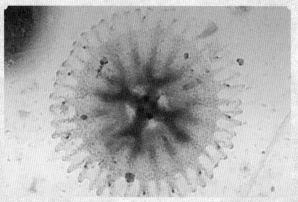
出生（游離）後過了數日的蝶狀幼體。傘部周圍會像齒輪一樣呈現鋸齒狀。

出生（游離）過後1個月的水母。周圍的鋸齒消失，很有仙后水母的樣子了。由於和少量蟲黃藻共生，所以呈現微微的褐色。

出生（游離）後過了1年左右的水母。水母即使長大，共生的蟲黃藻數量依然很少，所以呈現藍白色。

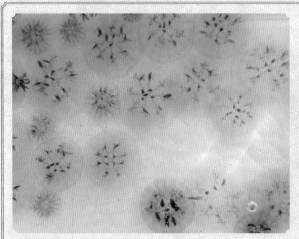

❖仙后水母的飼養容器與飼料❖

水母的大小可以用飼料來調整。如果想要一直養在小容器中的話，就要盡可能減少飼料的量，大約7～10天餵食1次。若飼料給太少會導致水母萎縮，所以請仔細觀察、小心調整。餵完飼料後一定要換水，如果是沒有裝設濾水器的死水環境，就算沒餵食也必須每天換水。準備另一個相同的容器，以湯匙或大湯杓撈起水母容器的話會很方便。事先做好海水，放在飼養容器旁邊的話也不必擔心會有溫度差的問題了。

❖放射枝手水母❖

日文名稱：エダアシクラゲ（枝足海月、枝足水母）
英文名稱：Crawling medusa、Creeping medusa
學名：Cladonema pacificum
水螅蟲綱　花水母目　放射枝手水母科　放射枝手水母屬

放射枝手水母剛出生時大概只有1mm大，成體的傘狀體直徑也僅有約3mm、傘高約4mm，而觸手張開到最大也頂多1cm左右，屬於小型的水母。

觸手前端會像樹枝的分枝一樣展開，因而得名。傘緣部分長出的9根觸手的根部，有一個小小的眼點。

放射枝手水母在游泳時會頻繁且快速地拍動觸手，不過平常會用黏液附著在海藻以及岩石上。飼養時，會看見放射枝手水母的模樣就像火星探勘車一樣，黏在玻璃容器的壁面或底部。

放射枝手水母體積小，不需要有水流的環境，是一種可以用小瓶子輕鬆飼養的水母。

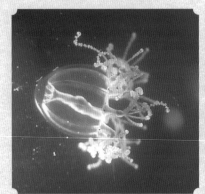

觸手看起來像沾附了小水滴，十分可愛。

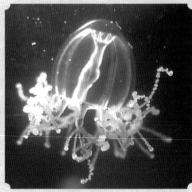

可以看到透明傘狀體中的內臟。

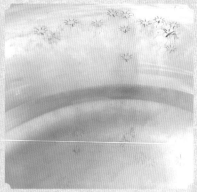

用吸盤吸附在小型飼育瓶的壁面和底部。

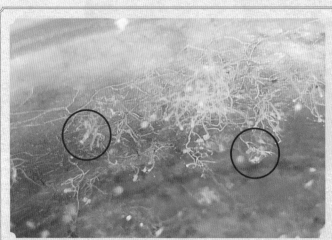

放射枝手水母的水螅體。紅色圈圈的部分就是水母芽。

❖匍匐莖（stolon）❖

放射枝手水母的水螅體稱作匍匐莖，水母便是從這猶如植物匍匐莖一般的部分長出，特色是前端呈現星號般圓圓的形狀。水母會自匍匐莖長出一種不同於水螅體的水母芽，看起來就像結了一顆水母果實。不久後水母芽會開始拍動、游離出來。

❖ 等指海葵 ❖

日文名稱：ウメボシイソギンチャク（梅干磯巾着）
英文名稱：Beadlet anemone
學名：Actinia equina
珊瑚綱　海葵目　海葵科　海葵屬

等指海葵也是可以養在玻璃瓶和果醬瓶之中的生物。
日文名稱取作「梅干磯巾着（酸梅海葵）」，而等指
海葵的觸手縮起來時的確就像一顆小酸梅。當觸手張
開時，看起來彷彿海中開出的一朵花。等指海葵長大
後，會在胃腔內複製出一個新個體，吐到海中，以這
種無性生殖方式繁衍。自然界中存在足足有5cm大的
等指海葵，不過養在小容器中，控制餵飼料的次數
（10天1次左右），就可以控制個體的大小。
如果養得夠久，也會出現一些顏色較淺的個體。

像花一樣張開的觸手。

在自然環境下，潮水退去後，等指海葵的觸手會縮起來，變得跟酸梅一樣。水
槽中也分別有酸梅狀態以及開花狀態的個體。

有些等指海葵在吐出數次複製幼體後，顏色會變得極淡。

白色等指海葵張開觸手的時候，宛如披掛了仙女羽衣一樣優美。

❖ 海螢 ❖

日文名稱：ウミホタル　**英文名稱**：Sea-firefly　**學名**：Vargula hilgendorfii
節肢動物門　甲殼亞門　顎足綱　介形蟲綱　壯肢亞綱　壯肢目　海螢科　海螢屬

海螢是體長約3mm的小型夜行性生物，平時潛在沙中生活。我之所以會對這種生物產生興趣，是因為讀了海螢研究學者阿部勝巳先生的著作《海螢的光芒 ─地球生物學讀本─》※。阿部勝巳先生身為古生物學者，卻不落一般研究者「追求客觀表現」的俗套，援引許多文學作品，字裡行間充滿主觀的想法。

讀了他的書，令人很想親自飼養看看，於是我便將海螢加進了小潮池的行列。

海螢外觀呈現2片透明背甲包覆的橢圓球形，背甲為鉸鏈狀，可以自由開闔，並從中伸出附屬肢，迅速划水游動。

用放大鏡或顯微鏡觀察，會發現海螢身上被稱作清掃肢的第7肢不停地清掃著背甲內部，也可以看見海螢的心臟在晶瑩剔透的身體中跳動的樣子。

雌性的體型比雄性還大上一圈，很多雌性海螢的背上都有負卵。這些卵上如果是有眼珠的，就是已經孵化的幼體，等幼體成長到一定程度後就會與母體分離。

海螢為雜食性，什麼都吃，而且還是食腐性生物（會吃掉死掉的生物），所以假如用豐年蝦等活體生物來餵食，可能會被吃個精光，建議用少量的魩仔魚或竹輪碎塊來餵食比較好。餵食後水質會變糟，所以要盡早將海螢吃剩的飼料拿出，頻繁進行換水，一次換容器一半量的水（換水頻率雖然依容器尺寸和海螢飼養個體數會有所不同，但每週一定要換水至少1次）。

到了晚上，將房間的燈光關掉後再丟入飼料，海螢便會自沙裡蜂擁而出，以滴管的水流去刺激海螢的話，海螢就會發出漂亮的藍光。這是因為牠們體內的冷光素（luciferrin）和螢光酵素（luciferase）釋放到海中，跟海水產生了化學反應才會產生光芒。

海螢死後，原先透明的外殼會變得白濁。不過現在有種技術，可以在不使外殼變白的狀況下將海螢乾燥處理，市面上也買得到這種乾燥海螢。乾燥海螢的體內依然含有酵素，所以丟進研缽搗碎、加水後，酵素就會跟水產生反應，觀察到發出藍光的現象。

※譯註：《海蛍の光─地球生物学にむけて─》。

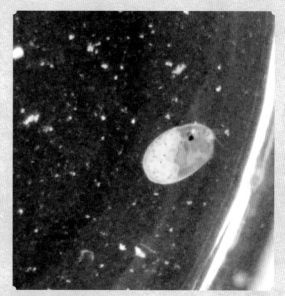

背著幼體的雌性海螢。

平常看似什麼也沒有的水槽，一旦丟入飼料，海螢便會從沙中魚貫而出，聚集在飼料旁。

❖ 海螢的捕捉方法 ❖

我們使用誘餌陷阱法。

準備空的寶特瓶（1L的寬矮型瓶身）。

在瓶蓋、或是瓶子肩部開幾個約5mm的小孔，綁上細線。

瓶內丟入重物以及肝臟等誘餌，蓋上蓋子後丟入海中使其沉到海底。經過10～20分鐘左右再拉上來。

由於海螢是夜行性生物，所以捕捉請在夜間進行（夜晚的海洋非常危險，請各位務必多加注意）。

❖豐年蝦❖

日文名稱：アルテミア　英文名稱：Brine shrimp、Sea monkey
學名：Artemia　節肢動物門　甲殼亞門　鰓足綱
蕯甲亞綱　無甲目（無背甲目）　鹽水豐年蟲科　鹵蟲屬

豐年蝦的外型從1億年到現在幾乎都沒有改變，是一種「活化石」。我在小學的時候，很流行這種豐年蝦的飼養套組，商品名稱叫作Sea monkey。豐年蝦是小型的甲殼生物，生存在世界各地的鹹水湖中。如果碰到乾旱等環境惡化的狀況，雌性豐年蝦會產下耐旱的休眠卵（cyst）。這種耐久卵非常適合用來當作海水魚跟無脊椎動物的飼料，所以在美國和中國都有人專門養殖豐年蝦。

小學的時候雖然對Sea monkey望眼欲穿，最後也終於買到手，結果卻養不久。長大成人後，我現在養豐年蝦主要是用來當作水母跟綠水螅的飼料。孵化出豐年蝦後，容器中的水質不僅會變差，還會留下大量未孵化的卵和卵殼，所以最後剩下的那一點點沒孵化的卵無法充當飼料使用。只不過，雖然把活蝦當作飼料是沒辦法的事，我還是對於把活生生的東西丟掉有點抗拒，所以從某個時候起，我養的豐年蝦就積在瓶中了。

［飼養方法］

準備鹽度2.5～3.0%左右的海水，裝進容量約1L的玻璃瓶。取掏耳棒一勺的市售飼料用豐年蝦卵，加入玻璃瓶中攪拌開來。容器盡量放置在溫暖的地方。28℃的環境下，經過24小時卵就會孵化。20℃左右的話，有時需要花上3天。

豐年蝦總是擺動著鰓足，在水中游來游去。

孵化後3天的樣子。還處於身體不分節的幼體階段（僅具備單眼）。

❖觀察豐年蝦❖

剛孵化的豐年蝦還沒有嘴巴，會倚賴體內的蛋黃成長。無節幼蟲時期，頂部的正中間會長出一顆單眼。不久後，大顎和附屬肢原器生成，原先的單眼兩旁會出現圓圓的複眼。雄性個體會長出形似鍬形蟲巨顎的交接器，並利用該器官緊緊扣住雌性，所以我們可以藉此觀察到豐年蝦游動的模樣。雌性豐年蝦具有卵囊，會透過排卵來繁殖。豐年蝦游動的姿態十分優雅，所以如果有機會用到豐年蝦的話，千萬不要丟掉，試著飼養看看吧。可以用少量的魚苗用飼料來餵養豐年蝦，而牠們也可以靠食用瓶中冒出的蘚苔活很久。但如果瓶內的蘚苔生得過多，就先將豐年蝦連同水一起移至其他容器，將原本的玻璃瓶洗乾淨後裝滿乾淨的海水，然後再用濾網等器具將豐年蝦撈出，換到乾淨的瓶子裡。

❖有孔蟲❖

日文名稱：有孔虫　**英文名稱**：Foraminifera　**學名**：Foraminifera
有孔蟲界　有孔蟲門　有孔蟲綱

一般人對有孔蟲這個名稱可能不是這麼熟悉，但也許聽過牠的其他暱稱——「星砂」、「太陽砂」。沖繩伴手禮店賣的那種小小瓶的漂亮砂子，就是有孔蟲的殼。

根據地質學紀錄，約5億年前的寒武紀地層中就發現了有孔蟲的蹤影。牠們隨著時代遷移改變外型，一路存活至今。其外殼是由碳酸鈣（$CaCO_3$）所構成，堅硬不易壞，所以有孔蟲死後便沉到海底，在沉積物中成為化石保存了下來。有孔蟲的外殼狀態會隨著當時存活的環境有所改變，因此我們可以藉由分析過去時代的沉積物中含有的有孔蟲化石的型態、外殼的化學成分等，獲得非常大的線索，來推敲出當時的海洋是什麼樣子、甚至地球環境又是如何。不僅如此，透過了解過去，我們也能夠推測未來的海洋發展，因此許多學者都將有孔蟲列為研究對象。

有孔蟲種類族繁不及備載，不過其中有星砂、太陽砂之稱的種類，可以飼養在「書桌周圍的潮池」之中。

岩石上，星砂與太陽砂站得直挺挺。

一個沒注意，已經移動了好長一段距離。

有孔蟲會伸出管足吸附在岩石上，不過看起來倒像是插在上面。

❖製作有孔蟲潮池❖

選擇怎樣的容器都無所謂，我用的是百圓商店賣的吐司保存容器。

底部不要鋪上砂石，而是擺放寵物店跟水族百貨會賣的「活石」，然後安裝一個海綿過濾器，來過濾水質和補充氧氣。如果能每天更換容器一半的水，那死水（無安裝空氣幫浦與過濾器）狀態下也能飼養。

除了活石，我也試著放了一些海葡萄海藻，結果發現很多有孔蟲都會吸附在上面。

用放大鏡或顯微鏡觀察有孔蟲的殼，會看見表面有非常多孔洞。活的有孔蟲會從這些孔洞中伸出管足來移動、吸附在活石以及海藻上頭。

悉心照料的話，有時候會發現更微小的有孔蟲出現。這是有孔蟲行無性分裂（cloning）出來的幼體。

❖ 麥稈蟲（骷髏蝦）❖

日文名稱：ワレカラ（割殼、破殼、吾柄、和礼加良）　**英文名稱：**Skeleton shrimp
學名：Caprella　節肢動物門　甲殼亞門　軟甲綱　真軟甲亞綱　囊蝦總目　端足目
麥稈蟲亞目　麥稈蟲科　麥稈蟲屬

漁人割藻 藻中有蟲名破殼
放聲涕泣 泣己之過不怨天
（《古今和歌集》典侍藤原直子朝臣）

這首和歌中用了許多日文上的雙關：「漁人」和「心上人」、「破殼」
（麥稈蟲）和「自責」（心上人之所以離去，錯全在自己身上的意
思）。
割下來的海藻失了根，這裡在日文上出現了雙重雙關：「『根』代表
『哭聲』。而『哭泣』和『失去』亦為雙關。」棲息在藻類之中、無法
移動的蟲一同被漁人割了下來。我認為作者將這蟲和無法追隨離去之人
的自己產生了重疊，有感而發。
如果再更深入解釋，漁人作為和歌中的緣語※，或許「怨」（うらみ）
一詞和「海邊」（うら）帶有雙關的意思。

相思幾多愁 猶若宿於藻中之破殼
漁人割藻 便肝腸寸斷兮
（《伊勢物語》平安時代 作者不詳）

棲息在海藻中的破殼蟲，和海藻一同被漁人割下，因此碎裂開來。如同
我對你的相思之苦，這份惆悵使我肝腸寸斷啊。

在日本，麥稈蟲自古以來就常見於和歌中。由於海藻割下來後，未經充
分清洗便直接拿去賣，上面還帶有乾燥的麥稈蟲，所以麥稈蟲才會變成
一種常見的生物。甚至還有一句俗諺：「豈有未食過破殼之僧人？」
（われから食わぬ上人なし），意思是「就連不得殺生的僧人，都在
不自覺的情況下吃進混在海藻裡面的麥稈蟲了。你以為自己是清白的，
卻已經在不知不覺中犯下過錯了。」

還有，海藻也會用來製作食鹽（藻鹽），那麼麥稈蟲便會跟海藻一起烘
烤，因此想必以前的人也有機會目睹麥稈蟲的殼從海藻中彈出來的景象
吧。搞不好現代知道麥稈蟲的人還比較少呢！麥稈蟲在過去可是人人熟
悉的一種哀傷的生物。
麥稈蟲的日本名稱之所以叫作「破殼」（われから），最常見的說法是
因為乾燥後殼會破裂的緣故。這就成了「自責」（われから＝自己造成
的、自己的過錯）的雙關語，很容易運用於詩歌創作上。我想也因此，
詩人容易將自憐的情感投射在麥稈蟲上吧。那棲息在「海女（漁人）割
下的海藻」中的麥稈蟲，和海藻一起被割下來後便失去了性命，是多麼
悲哀啊。
話說回來，麥稈蟲其實是我非常喜愛的一種生物。牠雖然是蝦子的近
親，不過腹部和尾部退化了，那站在海藻上的樣子彷彿一個小人似地。
麥稈蟲會用步足緊抓著海藻，做出擬態行為。如果一動也不動，我們很
難看出牠到底在哪裡。不過只要投入飼料，一群麥稈蟲便會一起挺直身
子，搖晃著肢體上半部，像展開雙臂一樣張開大大的顎足，擺好姿勢迎
接可能會流到口中的飼料。
如果想用鑷子親自餵給牠，牠會嚇一大跳，整個身體往後仰。不過一旦
發現那是飼料，就會急急忙忙地伸出雙手（顎足）收下。
我還常常看到一些麥稈蟲，步足緊抓在海藻上就跟人家打起架來了。麥
稈蟲在移動時會先用顎足抓住下一步的落點，然後再提起像腳一樣抓著
海藻的步足，整個身體像尺蠖一樣運動，一、二、一、二，慢慢前進。
雌性麥稈蟲的腹部有個育兒囊，在育兒囊中孵化的透明幼體會緊緊黏在
母親身上好一陣子，在保護下成長茁壯。
海水浴場等地方如果有海藻林，各位可以去找找看有沒有麥稈蟲。一開
始不習慣可能很難找到，不過將海藻浸在海水裡面帶回家的話，上面會
有很大的機率附著著麥稈蟲。

※譯註：日本和歌修辭方式之一。使人聯想到其它相關詞彙與情景的雙關技巧。

chapter 5
Fluff
Garden

絨球庭園

讓絨球在小小的藥瓶和燒瓶中綻開，
並直接做成乾燥標本。

RECIPE

毛茸茸絨球的瓶瓶罐罐

❖**Materials**❖
綻開前的絨球、矽膠
乾燥劑、瓶子

綻開前的絨球。前端那一束枯萎花瓣只要輕輕一拉就可以拔掉的狀態最適合。如果還拔不掉，就先靜置幾個小時乾燥一下。如果放一整個晚上，絨球很可能會完全綻開，所以時間拿捏上要注意。

拔下前端的花瓣束後。

在容器中放入幾顆矽膠乾燥劑，再將 **02** 放入容器中。

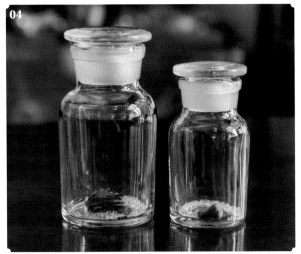

濕度較高的時期要蓋上蓋子，空氣較乾燥時打開蓋子放著，絨球就會綻開。

❖失敗範例❖

如果容器小於絨球的直徑，絨球會開得不漂亮，產生變形。

Observation of Dandelion

觀察蒲公英

蒲公英圓圓的花朵，其實是由許多纖細的小花聚集而成。這種小花聚集成的大花稱作頭花，或是頭狀花序。這種看似小型花瓣的一小根花，是具有雄蕊與雌蕊以及花瓣的一朵完整的花，因外表看起來像舌頭，所以稱作舌狀花。日本原生的日本蒲公英的舌狀花數量約有80個，外來種西洋蒲公英則有差不多200個。

花的底部有子房，上面有白色絲狀的萼片，萼片上有雄蕊、雌蕊以及花瓣。開花第1天，會從外側開始慢慢綻開。太陽下山後，中心部分還沒完全綻開就會又闔起來。第2天慢慢越開越完整，到了第3天就會完全綻開。花期3天就會結束，接著便枯萎、蜷縮起來。

花謝之後，連接冠毛（絨毛）和瘦果的冠毛柄會伸長，最後開出圓圓的絨球。

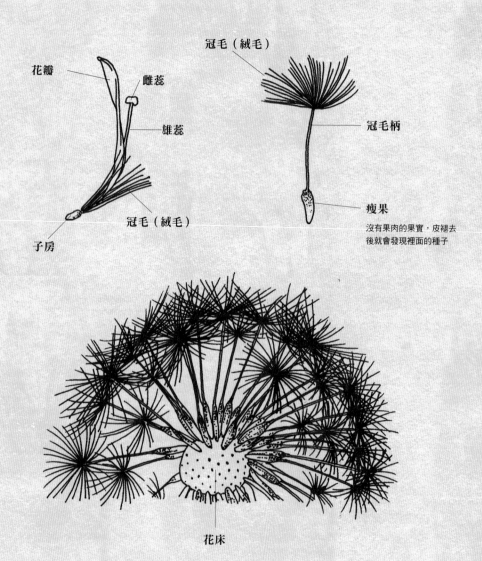

花瓣　雌蕊　雄蕊　子房　冠毛（絨毛）

冠毛（絨毛）　冠毛柄　瘦果

沒有果肉的果實，皮褪去後就會發現裡面的種子

花床

❖生活周遭可以形成絨球的花❖

蒲公英是菊科植物。菊科之下包含了大波斯菊、薊、向日葵等許多植物，不過並非全部都會形成絨球。而且就算會，很多品種也都不像蒲公英一樣會呈現球狀。但其中還是有兩種左右可以在日本公園和路邊看見且會形成圓圓絨球的植物。

❖歐洲黃菀（野襤褸菊）❖

英文名稱：Common groundsel　學名：Senecio vulgaris　科：菊科
屬：黃菀屬　種：歐洲黃菀

歐洲黃菀（歐洲千里光）是菊科黃菀屬的1年生草本植物，原產地在歐洲，是於明治時代初期傳進日本的外來種。白色的絨球很像以前破爛的衣服，所以日文名稱取作「野襤褸菊」。其屬名Senecio，也有將絨球比喻成「老人」的意思。

歐洲黃菀的絨球很小，可以放進迷你燒瓶。

❖加拿大蓬（姬昔蓬）❖

北美原產的菊科1～2年生草本植物，明治時代初期傳入日本的外來種。日文中有明治草、御維新草等別名，也因為跟著鐵路沿線分布開來，另有鐵道草的稱呼。

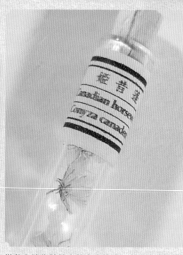

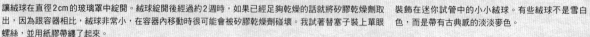

讓絨球在直徑2cm的玻璃罩中綻開。絨球綻開後經過約2週時，如果已經足夠乾燥的話就將矽膠乾燥劑取出，因為跟容器相比，絨球非常小，在容器內移動時很可能會被矽膠乾燥劑碰壞。我試著替塞子裝上單眼螺絲，並用紙膠帶纏了起來。

裝飾在迷你試管中的小小絨球。有些絨球不是雪白色，而是帶有古典感的淡淡麥色。

今年已經開了卻沒用到的絨球就種在盆栽裡。才不過1個月就長得十分茂盛了。

❖POINT❖

沒用到的絨球，有很多到了隔天就會完全綻開。我們可以自遠處對綻開的絨球噴灑頭髮定型噴霧（重型）來使其固定，這麼一來也能在絨球不會四處飛散的狀況下進行乾燥了。不過這種狀態比放在容器內綻開的絨球還要脆弱，所以如果絨球已經開了，那就蒐集起來一起拿去播種吧。播種後很快就會發芽，隔年便會冒出很多的絨球。

公園和路旁的蒲公英有些可能有沾到貓狗的尿液。只要種植一盆蒲公英的盆栽，就不用擔心這些事情了。

西洋蒲公英與關東蒲公英

左：關東蒲公英　右：西洋蒲公英

我上高中的第一堂生物課，生物老師給了我們這些新生一個任務。

「各位同學，請把關東蒲公英找出來。」

老師說，原生種關東蒲公英跟外來種西洋蒲公英之間的蒲公英戰爭越演越烈，關東蒲公英的數量正年年減少，戰況已經告急，不得不伸出援手了。從那天起，我們就開始尋找關東蒲公英的蹤影。關東蒲公英和西洋蒲公英的不同之處，在於總苞片是否反捲，所以我已經養成一種在路上看到黃色的花時一定會觀察其總苞片外型的習慣了。如果發現可能是關東蒲公英的花，就把地點記錄下來。如果已經變成絨球，那就採集回去。這就是我們的任務。老師稱我們是「關東蒲公英小隊」。

高中畢業後，我也很久都擺脫不掉尋找關東蒲公英的習慣，結果很長一段時間，我還是會一直去檢查野生的蒲公英是什麼樣子。我在東京都內的光丘和小石川植物園都發現了關東蒲公英。然而在河堤一帶生長的蒲公英叢之中，也有不少蒲公英的總苞片反捲程度不上不下。

蒲公英的花是由許多小花聚集而成。這種花形稱作頭狀花序，菊科植物中很常見。關東蒲公英的這一朵朵小花都會先長出雄蕊，這個狀態是雄蕊的階段，會釋放大量花粉。之後雌蕊會從筒狀的雄蕊中空部分長出，前端一分為二。這個狀態則是雌蕊的階段。之所以會像這樣分成不同階段，是因為蒲公英的自交不親和性較明顯的緣故。換句話說，同一株植物的花粉就算沾附到雌蕊上，也不會產生種子，所以才透過改變雄體跟雌體發揮作用的時期，避免自己的花粉沾附到自己的雌蕊上。

不過，西洋蒲公英卻可以進行孤雌生殖。換句話說，就算不製造花粉，一樣可以產生種子。有人可能會認為那就沒必要製造花粉了吧？然而它還是會產生。這些花粉會飛到原生的蒲公英上，結果產生許多雜交品種。河堤地帶的蒲公英叢之

所以有很多難以分辨種類的蒲公英，恐怕就是這個原因吧。

關東蒲公英如果只有自己1株的話就不會留下後代。它是蟲媒花，必須透過昆蟲來搬運花粉才能繁殖。而就算好不容易產生了種子，關東蒲公英一朵花的種子也才大約60個，而人家西洋蒲公英則可以產生將近200個種子。再加上西洋蒲公英是孤雌生殖，可以保護住自己的DNA。關東蒲公英只會在春天開花，夏天就會自行使葉片枯萎，進入夏眠狀態。西洋蒲公英則是幾乎一年四季都會開花，怎麼看都是西洋蒲公英在生存上比較有利。

然而，到了離市區較遠的地方，我還是發現了不少原生種的蒲公英。東海蒲公英具有拒絕西洋蒲公英花粉的能力，所以跟其他原生種蒲公英比起來也沒有雜交現象，得以保持個體數量。不過我們已經知道，城鎮裡還是充滿了許多雜交的品種。這個資訊是來自環境省自然環境局，他們進行「第6回自然環境保全基礎調查 生活周遭的生物調查」，將調查中採集到的蒲公英標本送到獨立行政法人農業環境技術研究所進行DNA分析，結果發現外來種蒲公英已經遍布全國，而原生種跟外來種的雜交品種也已廣布在東京都市圈、名古屋都市圈、關西地區等大城市周邊了。

關東蒲公英的蹤影之所以漸漸從城鎮中消失，比起在戰爭中打輸西洋蒲公英，我認為原因其實單純只是幫忙搬運花粉的昆蟲減少、以及可以大量生長的地方消失的緣故。也就是說，關東蒲公英等於是敗在人類的手上。而我們也可以認為，在這種狀況下，因為有具備超強生命力與能力的西洋蒲公英的DNA，關東蒲公英才能以雜交品種的形式存活下來。

關東蒲公英的數量日益減少。就算只能種在這小小的盆栽中也好，我要盡量多栽種幾株。如果在外面找到了關東蒲公英，就用棉花棒採集花粉、採下絨球回來種植，再讓長出來的絨球飛散出去。關東蒲公英小隊，如今正進行著微不足道的贖罪行動。

chapter 6
Crystal Garden
水晶庭園

水晶＝結晶。每種物質會發展出其獨自的形態。

會變成怎麼樣的形狀，都有確實的理論可循。

透過人為干預，也可以使結晶或大或小。

RECIPE

尿素結晶

❖Materials❖

尿素、精製水、洗衣用PV糊 、廚房
用液體清潔劑、燒杯、鍋子、玻璃棒
（免洗筷亦可）、電子秤
示性式 CO（NH₂）₂ ※
化學式 CH₄N₂O

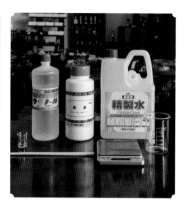

※ 示性式是能表現該物質特性的式子，會將表
現特定性質的官能基拆開來表示。化學式是單純
以原子數去表現該物質的構成。至於能看出哪個
原子跟哪個原子是怎麼鍵結的式子，則是結構
式。

尿素也稱脲，是第一個自無機化合物合成出來的有機化合物。

很多人知道尿素，應該是因為它是保濕乳液和肥料的成分。如名稱所示，在哺乳類跟兩棲類的尿液裡頭含有這種物質。我們自攝取的蛋白質中獲得氮，過多的氮會轉變成氨，這是一種對人體有害的物質。而腎臟會把氨製作成尿素，儲存在膀胱中。尿素易溶於水，所以會透過水溶液的形態——也就是透過尿液，將毒素排出體外。

尿素的結晶呈雪白針狀，十分漂亮，而且發展快速，因此小學生的自由研究作業上常常會選用尿素結晶。然而尿素結晶脆弱，很多小朋友在交出作業前就塌掉了，實在可惜。

本章我們會盡可能做出堅硬的尿素結晶，並讓它在瓶中或燒瓶中成長，變成裝飾起來也好看的結晶標本。

❖ 1.製作結晶的原料溶液 ❖

在尿素試劑中加入少許的洗衣用PV糊和廚房清潔劑，為即將成形的結晶施加魔法。

燒杯中倒入精製水50ml，取75g尿素加入其中。

取洗衣糊5ml加入其中。

滴入1滴清潔劑。

隔水加熱，同時攪拌。

完成！

❖ 2.讓結晶長在樹枝 ❖
以及毬果上

讓尿素像雪花一樣堆積在充分乾燥的
樹枝和毬果上。

❖Materials❖

樹枝和毬果、尿素溶液、廚房紙巾、托盤、噴霧器

將樹枝和毬果攤在鋪了廚房紙巾的托盤上，取適量燒杯中的尿素溶液裝進噴霧
器中並噴灑上去。要將樹枝和毬果翻面噴灑使整體都充分濕潤。

靜置數小時～數日，隨著水分蒸發，尿素結晶也會慢慢長出來。水分蒸發、結
晶生成後，就放到瓶子或試管裡面。

❖ 3.製作蕨類 ❖
標本般的結晶

在培養皿中塗上尿素的結晶原料液，就會蔓生出蕨類般的結晶。

❖Materials❖

尿素溶液、筆刷、培養皿

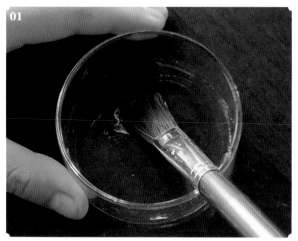

用筆刷在培養皿內部塗滿溶液。

放著等它乾燥。

❖4.製作螢光結晶❖

加1滴螢光墨水（參加活動時蓋的那種螢光手章用的墨水）到結晶原料液裡頭，混合均勻後就能做出螢光結晶。

❖Materials❖
棉花球、尿素溶液、螢光墨水、滴管

在配合容器搓成圓球的棉花上，滴幾滴混合了螢光墨水的溶液。

不要蓋蓋子，放置數小時～數日後，隨著水分蒸發便會長出尿素的螢光結晶。

❖失控的尿素!❖

尿素結晶的成長速度非常快，就算只沾到少許溶液也會長出結晶。有時會在意想不到的地方長出厚厚蓬蓬的結晶，也可能會在容器內產生蕨類般四處蔓延的結晶。乾燥途中用棉花棒稍微擦掉溶液就可以多少避免尿素結晶失控。
不過失控生成的超大結晶也別有一番趣味。

RECIPE

七彩的鉍晶體

一般講到「鉍」，大多數人應該會想到閃爍著七彩光輝的人工結晶。實際上，礦物展和礦物店所販賣的「鉍」多半是德國製的人工結晶。然而，天然的鉍可是確實存在的。仔細一想這好像很理所當然，不過不光是鉍，金、銀、銅等金屬本來都是自然的元素類礦物，或是從含有那些元素的礦石中所提煉出來的。

❖Materials❖

鉍錠、鍋子（2個）、不鏽鋼料理夾

〔鉍〕

日文名稱：蒼鉛
英文名稱：Bismuth
原子序：83　元素符號：Bi

在鍋子中溶解鉍錠。待完全溶解後關火冷卻。輕敲表面的邊緣部分就可以確認凝固狀況。

鉍會從鍋底、鍋壁、頂部等較早冷卻的部分開始結晶。表面的邊緣如果開始凝固了，就戳看看中間的部分。如果表面浮著類似浮冰的結塊，就用夾子把漂浮的部分夾出來。這時，夾子要用不鏽鋼材質的，並且在使用前先過火。

結晶也會在鍋邊和鍋底形成，可是取這部分的結晶十分危險，所以務必只取漂浮在表面的結晶就好。準備另一個鍋子，將剩下的還在溶化狀態的鉍倒過去之後，才可以夾取鍋底和鍋壁的結晶。

銀色的鉍晶體

這裡要來製作銀色的鉍晶體。沒有氧化膜的銀色鉍就算包進樹脂之中也不會變色。

❖**Materials**❖

鉍錠、鍋子、不鏽鋼料理夾、鋁製湯匙

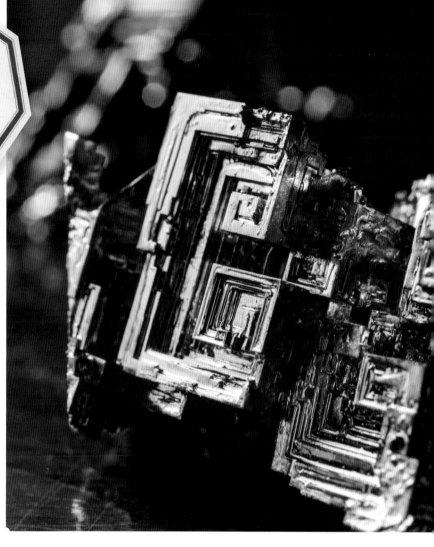

01

在鍋中溶解鉍錠後，以鋁製湯匙攪拌。鋁離子溶到鉍裡面，就可以產生無法形成氧化膜的鉍晶體了。銀色鉍晶體的作法雖然跟七彩版一樣，不過製作用的道具要分開來、並標上記號，避免銀色的鉍晶體混到七彩的鉍晶體。

02

取出銀色鉍晶體後即完成！

column

鉍與毒

鉍（Bismuth）的日文名稱為「蒼鉛」。名字中雖有鉛一字，但不是鉛的化合物，而是比鉛還重的元素（Bi）礦物。比鉍還重的元素就只有鈾跟釷（兩者皆為放射性元素）了。

此外，鉍屬於氮族。查查元素週期表，氮族元素從上往下分別為 N（氮）、P（磷）、As（砷）、Sb（銻），以及 Bi（鉍）。砷有劇毒這件事情已經不需要我再多說，至於其下面的銻過去雖然用於活版印刷的活字和各式各樣的工業材料，但是近年來科學已證實對人體有害，所以人們也開始研發能夠代替的材料。而鉍雖然列在同族，目前其毒性尚未獲得證實。

我們也來看看週期表的橫列。

鉍往左邊數 4 個是 Au（金）。然後過來是 Hg（汞）、Tl（鉈）、Pb（鉛）、鉍。

鉍的右邊則有 Po（釙）、At（砈）、Rn（氡）。

釙具有很強的輻射，而砈的半衰期極短，所以知道的人不多，不過目前在癌症治療方面也會用砈的人工放射同位素來進行研究，可以推測其輻射應該很強。

而最右邊的氡，同樣不存在穩定的同位素。也就是說，所有種類的氡都屬於放射性同位素，是會釋放輻射的元素。這麼看下來，我們可以知道鉍介在一個很微妙的位置，或可以說是一種非常奇特的元素。

我開始想：「鉍真的無害嗎？」真正的答案並非「Yes」。週期表上，在鉍右邊的元素全都不存在穩定同位素。因此，過去也有人說這個存在於微妙位置上的鉍是最後一個穩定的元素。然而，鉍也不存在穩定的同位素（也就是說，最後的穩定元素是鉛）。

只不過，剛才那個問題的答案也不是「No」。鉍雖然沒有穩定同位素，半衰期卻長得很。這個具體的數值在 2003 年已經研究出來，是 1.9×10^{19} 年。

什麼是同位素？

所有物質的最小構成單位是原子。原子是原子核及繞行其周圍、帶負電的電子所構成，而原子核則是由帶正電的質子和不帶電的中子構成。

原子的性質取決於質子的數量。質子的數量就是原子序，原子記號則以英文字母表示。

重量上，質子和中子幾乎等重，但兩者數量並非絕對相同。換句話說，兩原子的質子數若相同，這兩原子即擁有相同性質。但中子數不同，因此質量不同，這種原子就叫作同位素。我們用氫來舉例。

具有 1 個質子的氫，質量數為 1。多了 1 個中子便形成氘，質量數變成 2。如果再多 1 個中子則變成氚，質子數 1 ＋中子數 2 ＝質量數 3。

這就是氫的同位素。

什麼是穩定同位素？

最近，越來越多媒體報導放射性物質的消息，連帶使民眾聽到放射性同位素這個詞彙的機會也增加了。

目前已經知道，原子核的質量如果是 2、8、20、28、50、82、126 的話，性質便會很穩定。前面舉例中質量數為 1 的氫（^{1}H）無法再變成更多種同位素，不過其中氚（^{3}H）的性質非常不穩定，會釋出一種叫 β 射線的輻射，同時還容易變化（衰變）成質量數同樣為 3 的氦（^{3}He）。釋出 β 射線等輻射的性質稱作放射性，元素整體的一半部分產生改變所需的時間稱作半衰期。具有放射性、不穩定的元素就稱作放射性同位素。與之相比，穩定同位素不會衰變，豐度幾乎不會改變，而且也不具有放射性，十分安全。

鉍同樣是不具有穩定同位素的元素，然而半衰期（從放射衰變發生到質量減至最初的一半所需的時間）長得難以想像，約 19 京年（宇宙誕生至今據說也才 100～200 億年），所以基本上還是列為安全的元素。

Bismuth一名源自德國。德語中，鉍拼作「Wismut」，據說這是從「weisse（白色的）masse（塊）」衍生出來的詞彙。Wismut的拉丁語譯是Bisemutum，接著再變成英文的Bismuth，而元素記號也成了Bi。鉍的日文名稱寫作蒼鉛，蒼鉛也出現在宮澤賢治的詩「永訣伊朝」之中。

我第一次讀到這首詩時，還不知道蒼鉛這種礦物，所以還以為是指隱隱帶有藍色光輝、可是又暗沉沉、烏雲密布的模樣……。後來我才知道蒼鉛（鉍）是帶有紅色光輝的鉛色，也才意識到「蒼鉛色的烏雲」跟詩句前面出現的「略帶緋紅的彤雲更顯陰森」是相同色調。那麼，為什麼替鉍取日本名字的人，要用「蒼」來形容「帶紅的鉛色」呢？我不禁產生了這個疑問。

永訣伊朝　宮澤賢治

今日未盡
吾妹啊 妳就要遠去
霙[※1]正下著 屋外明亮異常
　　　（幫我裝點雨雪來好不好）
略帶緋紅的彤雲更顯陰森
霙自上頭霏霏而落
　　　（幫我裝點雨雪來好不好）
拿起兩個翠藍蓴菜花紋的陶碗
缺了口的
為了裝回妳要吃的雨雪
我如擊發而出的子彈蜿蜒
飛入這昏暗落霙之中
　　　（幫我裝點雨雪來好不好）
蒼鉛色的暗雲
霙自上頭霏霏而沉
啊 敏子
都到了即將離世之際
妳卻為了點亮我的一生而
託我
盛一碗如此無瑕的雪
謝謝妳 勇敢的吾妹啊
我也會筆直前行
　　　（幫我裝點雨雪來好不好）
在很燙很燙的高燒及喘息交迫下
妳託我盛最後一碗
自我們稱銀河、太陽、大氣圈的世界的
天空所降下的雪……
……兩塊御影石[※2]上
雪水積得孤寂
我驚險站上
堅守雪與水之間純白的兩相
自掛滿剔透冷冽水滴的

艷美松枝
替溫柔的吾妹
裝取最後的食物
我們一起長大的日子
我們熟悉的碗和這藍色的花紋也將
在今天離妳而去
（Ora Orade Shitori egumo）[※3]
今天真的要和妳分開了
啊 在門扉緊閉的病房中
幽暗的屏風與蚊帳裡
燃燒得溫柔而蒼白
勇敢的吾妹啊
無論挑選何處的雪
都是那麼的淨白
都是自那雲迷霧鎖的可怕天空
降下如此美麗的白雪
　　　（來世即使再生為人
　　　也願別只為自己的事而苦）
對著妳將吃下的這兩碗雪
我誠心祈禱
願雪能化作天國的冰淇淋
成為妳及在天之靈的神聖食糧
謹獻上我一切的幸福來祈願

宮澤賢治應該還滿了解礦物的，所以才有辦法正確運用蒼鉛這種礦物色澤的意象吧。

這麼一來，就能推測「蒼鉛色的暗雲」跟前面的「略帶緋紅的彤雲更顯陰森」是同個意思（抽換詞面）。

就詩的內容來思考，比起「帶藍的灰鉛色」，「帶紅的灰鉛色」也確實更給人一種不祥的感覺。

不過，這邊使用形容臉色「蒼」白的「蒼」鉛，也可說是十分精妙吧。

話又說回來，為什麼德國人形容為白色的鉍，到了日文名稱就變成藍色了呢？很長一段時間我都百思不得其解。

然而，有次我領悟到一件非常有趣的事情。

我深入調查「蒼」這個字，結果發現蒼也有形容頭髮斑白的意思。

過去，有人認為鉍是「年輕的銀」。

據說是因為發現鉍的地層之下，大多都能找到銀的礦脈，所以如果開採出鉍，還會有人說什麼「再把它埋回去！」之類的話。

換句話說，鉍既是「銀礦脈」的「帽子」、是「傘」、也是「屋頂」。

把這件事情跟滿頭的白髮扯在一起……是不是太牽強了啊？

※譯註1：雪、雨交雜落下的狀態。
※譯註2：花崗岩。
※譯註3：原詩句使用了羅馬拼音，意思是「我會隻身前往天國」。有一說是，前面妹妹的話都用假名，到了這段卻用羅馬拼音來表示，是因為宮澤賢治終於接受妹妹要離開的事實了。

column

詩中的鉍

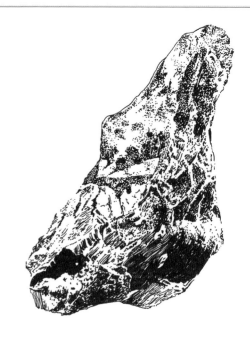

column

鉍的點點滴滴

自然界中可以找到金、銀以純元素形式存在的礦物，不過像鈦、鈷、錳等元素就沒發現過一整塊的礦物。鉍也不太會以純元素礦物的形式存在自然界中，就連在礦物展中也難得見到。偶然發現時，大多會標上「天然鉍」的標籤，這是為了要跟鉍的化合物礦物作區別。含有鉍的礦物，包括了跟硫化合的輝鉍礦（Bismuthinite／Bi_2S_3）、氧化鉍（Bi_2O_3）、鉍華（Bismite／Bi_2O_3）等等。

天然產的鉍，外觀呈現「帶紅的鉛色」。不過人工結晶則是美麗的七彩色，這是其氧化膜所造成的光干涉現象。鉍具有一種性質──只有表面部分會氧化。如果將產生結晶後剩下的廢棄液狀鉍倒出來，結晶接觸到空氣，而接觸到空氣的表面部分即會氧化。鉍跟肥皂泡表面會出現的那種虹彩，我們稱之為「薄膜干涉」。

因為這些膜很薄，所以光可以通過。可是薄膜表面會反射一些光，而薄膜底部也會反射另一些光。

穿過大氣照下來的光之中，有一部分會先在薄膜的表面反射回去。
而從折射率較低的空氣穿入折射率較高的薄膜時，產生的相差為 π（反相）。將光想成波動形式的話，就是波峰的部分變成波谷。

也有一部分的光會被薄膜的底部反射。

這些光相互干涉，有些相互抵銷、有些相互增幅，這就是薄膜干涉。之所以能看見繽紛的顏色，是因為薄膜的厚度並不均勻，如果所有波長的光都等量散射的話，就會呈現「光的顏色」，但光中不同波長的部分被分光、散射，所以才會呈現七彩色。

藥用鉍

鉍會用於健胃整腸藥。有一牌Pepto-Bismol的胃藥，其有效成分中就標示含有57%的鉍。這種藥十分有名，類似正露丸之於日本那樣的存在。最近研究還發現，鉍可以有效對付幽門螺旋桿菌。在日本，鉍也作為醫藥品（健胃整腸藥）原料，登錄於日本藥局方（※）之中。

人工鉍的外型以及虹彩

人工鉍看起來彷彿是未來的建築物，其極具特徵的外型（就像會畫在拉麵碗上的那種圖案）稱作骸晶，跟鱷魚水晶類型相同。鱷魚水晶是在矽和氧等水晶成分含量很高的熱水中生成，結晶稜角部分獲得較多成分，因此該處長得特別快、特別大，進而形成特殊的形狀。而鉍的結晶生成速度飛快，卻只有三方晶系的稜角（交界）部分大得特別快，平面部分則形成得較為緩慢，結果才變成那樣的形狀。

※「日本藥局方」是為了確保醫藥品的性質、狀態以及品質之正當，根據藥事法第41條，由掌管民生事宜的厚生勞動大臣在聽取藥事、食品衛生審議會的意見後，制定且公布的醫藥品規格基準參考文件。該文件由通則、生藥總則、製劑總則、一般試驗法暨醫藥品各項條目組成，收錄醫藥品以日本國內較常用的醫藥品為主。

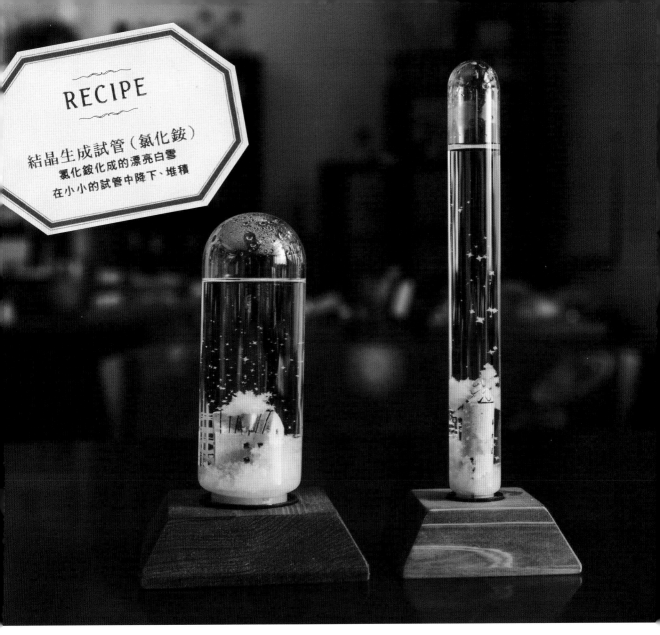

結晶生成試管（氯化銨）

氯化銨化成的漂亮白雪
在小小的試管中降下、堆積

我會在試管中放入房屋模型，讓析出的結晶看起來就像雪花，享受變化多端的景色。很多學校的理化課都會進行這種氯化銨的結晶析出實驗。雪花球的樂趣在於觀賞迷你風景中飄舞的雪花，而氯化銨析出的過程，則在於享受雪花隨時間經過慢慢飄落、越堆越高的變化。透過隔水加熱方式，就能夠反覆享受這等光景。

❖Materials❖

氯化銨、精製水、迷你陶製房屋、螺旋蓋試管、環氧樹脂類黏著劑、燒杯、電子秤、鍋子

❖氯化銨對100g水的溶解度❖					
溫度（℃）	0	20	40	60	80	100
溶解度（g）	29.4	37.2	45.8	55.2	65.6	77.3

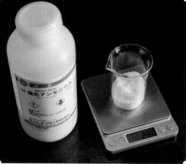

將精製水加入容量 20ml 的試管至 9 分滿。計算這個水量在 60℃時氯化銨的飽和量。

例）試管容量 20ml。9 分滿的量就是 20×0.9＝18ml。
精製水 100g、60℃下的氯化銨飽和量是 55.2g。
18ml 水的氯化銨飽和量即為
$$55.2 \times \frac{18}{100} = 9.936g。$$

隔水加熱到試管內部超過 60℃後，氯化銨會全數溶解。當水溫降到 60℃以下便會開始析出。
製作的量越多，溶解所需時間也越多，而且試管也會變得非常燙。
雖然將基準溫度設定得低一些較為安全，不過氯化銨雪花降下的量也會相對變少。

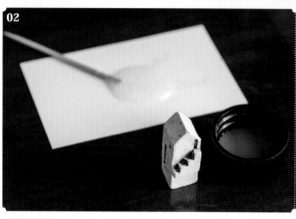

在螺旋蓋試管的蓋子內側，用環氧樹脂類黏著劑將陶製小屋黏上。只要放進去後蓋子依然可以蓋上，要黏什麼東西都 OK，不過盡量選用塗層不會剝落、不會跟氯化銨產生生化學反應的陶或玻璃製品。

03

將 **01** 倒入試管中並旋上蓋子。

04

透過隔水加熱來溶解結晶。

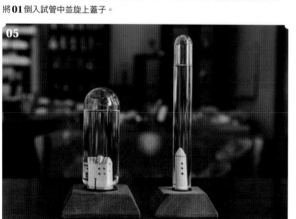

放到架子上就完成了！試管內馬上就會飄起雪花。

❖ 過冷 ❖

通常以隔水加熱方式溶解結晶的情況下，溶液的溫度一旦下降，無法溶於水的溶劑就會析出。然而有時溶液都已經充分冷卻，卻完全沒有結晶析出，這種情況稱作「過冷」。如果變成這種情況，只要搖晃試管，就會一口氣冒出一堆結晶。

黏著劑的部分，我使用需要混合 2 種膠水的 AB 膠。有些試管蓋子的可黏著面積太小，加上隔水加熱時會搖晃試管，導致黏著的飾品很容易脫落。不過如果使用細長狀的試管，不用黏起來也沒關係。因為在隔水加熱後倒過來放時，裝飾品剛好會沉到適當的位置上。

RECIPE

天氣瓶（樟腦）

樟腦結晶
在試管中生生滅滅

天氣瓶也稱風暴瓶（Storm Glass），據說最早是由一名叫Corti的人所想出，再經義大利人Malacredi傳進英國，不過羅伯特‧費茲羅伊（※）的天氣瓶觀察紀錄最為知名。費茲羅伊的天氣瓶上裝了他設計的費茲羅伊氣壓計，因此該裝置也有「羅伯特‧費茲羅伊的天氣瓶」之稱。

❖羅伯特‧費茲羅伊（Robert FitzRoy）❖

曾隸屬英國海軍，身兼研究氣象預報實務運用的氣象學家，因擔任生物學家達爾文搭乘的小獵犬號的船長而聞名。費茲羅伊的著作《The Weather Book》中也記載了當時的天氣瓶製作方式以及使用方法。

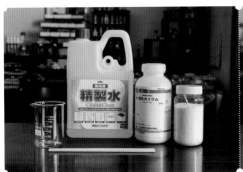

❖Materials❖

精製水、氯化鉀、硝酸銨、無水酒精、樟腦、燒杯、免洗筷、電子秤、螺旋蓋試管、鍋子

取40ml無水酒精。

秤約14g（2顆）的樟腦。

將02丟入01中。

以免洗筷攪拌均勻。

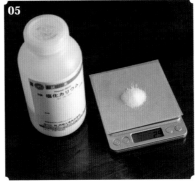

秤氯化鉀2.5g。

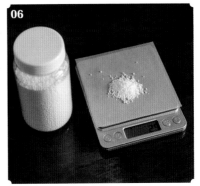

秤硝酸銨2.5g。

取精製水30ml。

將05與06倒入07中，攪拌均勻。

將04與08隔水加熱，進行溶解。

混合兩杯溶液。

裝進螺旋蓋試管。

隔水加熱。

❖天氣瓶的結晶❖

天氣瓶是一種透過結晶有無以及結晶形狀來預測天氣的裝置。可是我長年觀察下來，發現其實不是天氣，而是溫度變化（降溫幅度）會促使結晶產生。這不一定會和溫度計的變化同步，造成影響的是天氣瓶內的溶液自過飽和狀態開始產生的細微溫度變化。

星狀結晶這種細細的結晶，是在過飽和度高的條件下同時於試管內產生結晶的狀態，羽毛狀的結晶則是從沉澱的結晶發展而來。

有研究者將天氣瓶中的沉澱物做成粉末，進行X射線繞射分析。研究紀錄顯示，不管是在什麼溫度下產生的結晶，都只有觀測到樟腦的繞射峰。也就是說，天氣瓶中千變萬化的結晶都是樟腦的化身。然而，如果只將樟腦溶進酒精，那即使溫度下降也不會出現結晶，即便加水使結晶析出也無法產生漂亮的結晶。

想要在試管內做出樟腦結晶，就必須添加其他的成分。目前還沒研究出那些成分到底是怎麼作用的，這也是天氣瓶神秘的魅力之一。

❖觀察天氣瓶❖

颱風過境，今天早上太陽中斷了連日的梅雨，3支天氣瓶中長出了結晶。雖然是以同樣分量製作，結晶的樣子卻漸漸產生了些微的差異。

左：水面有出現結晶的天氣瓶，自底下開始結出的結晶好像比較少。
右：水面沒出現結晶的天氣瓶，自底下開始結出的結晶好像也比較大。

使用人工結晶養成套組來培養。不過，我們不只要培養結晶，還要做出跟礦物共存的標本。

日本的化學試劑管制一年比一年嚴格，在這種狀況下，還有在販賣的結晶養成套組就是磷酸二氫銨了。日本幾家公司有在販售，製作時請依照使用的套組調整水量及分量。

❖Materials❖

水晶晶簇2種、水晶洞碎片、磷酸二氫銨的飽和溶液、精製水、明礬（晶核）、色素
鍋子、製作溶液用的燒杯、培養結晶用的燒杯、電子秤、免洗筷

〔磷銨石〕
日文名稱：リン酸二水素アンモニウム
英文名稱：Biphosphammite
化學組成：$NH_4H_2PO_4$
晶系：正方晶系

01

將2種晶簇跟水晶洞碎片分別放入不同的燒杯中。

02

配合套組的分量做出磷酸二氫銨飽和溶液，慢慢注入 **01**，並加入2～3粒充當晶核（結晶的生長中心）的明礬。

03

靜置於晃動較少的地方。

04

第3天。結晶生成了。

05

結晶長好後的樣子。把溶液倒掉。

06

除去附著在容器上的細碎結晶後就大功告成！去掉的小碎片可以留到下一次生成結晶時當作晶核使用。

❖ 以隔水加熱方式來溶解化學試劑 ❖

養成人工結晶時，先經過隔水加熱，再盡量延緩溫度下降的速度，就能做出大顆的結晶。晶核（晶種）放入後會使溶液溫度下降，無法溶解的成分就會在晶核周圍析出，慢慢生成結晶。不過，刻意違反這種慣例，將溶液直接拿到冰箱冷藏也很有趣。結晶會馬上長出，而且出現了很多細碎的小結晶。在冬天養成人工結晶時，就會做出這種像用冰箱培養出來的細碎結晶。

[好康報你知]

波蘭製的人工結晶。
可以在礦物展購買。

chapter 7
Micro Garden

微觀庭園

用手機顯微鏡頭一窺微觀的世界

用放大鏡及顯微鏡一看，整個人的心神就掉進微觀的世界了。

原先自外頭以肉眼看見的景象丕變，截然不同的世界就在眼前展開。

好一陣子，我的興趣是用放大鏡觀察礦物、或用顯微鏡觀察微生物。

然而，放大鏡能觀察到的倍率有限，至於顯微鏡在操作上也不是那麼容易，

如果還要拍照的話更是難上加難。

我曾放棄過拍攝顯微照片，畢竟像我這種買不起昂貴顯微鏡的業餘人士，怎麼可能

拍出美麗的顯微照片？不過就在這個時候，我發現了手機顯微鏡頭。

只需將簡易的鏡頭裝在智慧型手機上，就能拍出高倍率又美麗動人的照片。

而且拍出來的效果好到過去拍的照片根本比不上。

Microbiology Book

微生物圖鑑

我把房間的架子裝飾成實驗室的模樣，陳列了許多燒瓶和玻璃瓶。有的插著空氣幫浦用的管子，有的塞上軟木塞，還有些乍看之下似乎只裝了水。

我不時會裝上手機顯微鏡頭觀察這些瓶瓶罐罐，有時可以目擊草履蟲分裂、團藻子細胞穿過母體而出的瞬間。

❖團藻 Volvox❖

團藻的學名「Volvox」中的「volvo」在拉丁語中有「旋轉」的意思。日文名稱「オオヒゲマワリ」中的「マワリ」也同樣有旋轉的意思。甚至還有一種浮游生物的名字就叫作「ヒゲマワリ」（雜球藻），學名是Pleodorina。雜球藻是團藻的近親，不僅日文名稱少了「オオ」（「大」的意思），細胞數也確實較團藻來得少。除此之外，團藻目底下還包含了衣藻（Chlamydomonas，日文名稱：コナミドリムシ）這種單細胞浮游生物，以及盤藻（Gonium，日文名稱：ヒラタヒゲマワリ）、實球藻（Pandorina，日文名稱：クワノミモ）、空球藻（Eudorina，日文名稱：タマヒゲマワリ）等等。

［拍出各種顏色的方法］

放進暗箱，從側邊照射可見光。

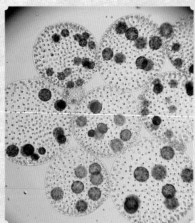

在一般室內，從上方照射可見光。

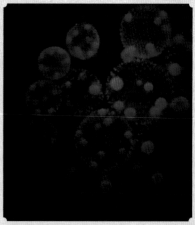

放進暗箱，從側邊照射紫外線。

❖平常的照料方式❖

適溫為15～25℃。實際上雖然12～27℃都沒關係，不過未滿15℃、超過25℃的狀態持續太久會使團藻變得衰弱。

冬天關掉暖氣就寢前要用隔熱布包起容器，盛夏時白天要開冷氣。

團藻會進行光合作用，所以一般來說最好1天24小時中有16個小時放亮處、8個小時放暗處，不過，放在陽光不會直射的明亮室內過著跟人類一樣的生活作息也無所謂。

常常熬夜的人，可以在隔天起床時間逆推8個小時的時刻替換容器包上黑紙，起床後再拆掉即可。

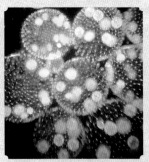

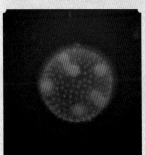

[團藻的身體]

團藻呈現球狀，表面有一層細胞層，約由2000個小細胞（體細胞）排列組合而成。可以想像一下那個畫面是眾多體細胞塞滿球體表面、卻又不重疊的樣子。每個細胞有2根鞭毛，鞭毛擺動令團藻得以旋轉移動。如果是小船，槳手排成一排的情況下，只要往同個方向划水就能使船隻前進，可是球體表面的每個細胞都面朝不同方向，卻又能各自擺動鞭毛讓團藻往要前進的方向行進，這實在太令人欽佩了。不過，這就是多細胞生物的厲害之處。

看看團藻的照片，就知道在它圓圓的身體裡面還有幾顆圓圓的東西。這是稱為gonidia的無性生殖細胞。這個生殖細胞會一點一滴進行細胞分裂，並成長茁壯。不過令人意想不到的是，它竟然跟母體呈現裡外顛倒的構造。也就是說，母體團藻的體細胞是在表面，而幼體團藻的體細胞則在內側。

生殖細胞從單1個細胞開始分裂成2個、變成4個、最後達到和母體一樣的2000個，並且也產生生殖細胞。這時的電子顯微鏡照片中，可以看見生殖細胞（體積較大，很好辨別）出現在表面。團藻胚胎的某一側，有一道稱作子球孔（Phialopore）的裂口（或是說孔洞），團藻胚胎會自那邊開始將內部往外摺，慢慢捲起來，最後完成裡外翻轉的程序，這個過程稱作胚層翻轉（inversion：翻轉）。胚層翻轉後，體細胞就會出現在表面，生殖細胞則跑到了內部。

生殖細胞行細胞分裂，形成的子世代胚胎稱作「子細胞」。子細胞成熟到一定程度後，就會撕破母體的體細胞層，從母體群中孵化而出。當母體放出2次胚胎後便會引發細胞凋亡。

團藻具有正趨光性，若施以光照，團藻便會聚集起來。觀察時可以用光將團藻集中起來，再以滴管吸取，不過我們工作坊會用上離心機，讓團藻密度更高。

❖團藻的飼養方法❖

雖然這有點偏都市傳說的感覺，不過我會使用法國的富維克（Volvic）天然礦泉水。我嘗試過5～6種軟水，但除了它，沒有任何軟水能讓團藻存活1個月。「養Volvox就要用Volvic」這種說法搞不好真是對的，但也可能只是我的一廂情願，純粹剛好其他試用的水不適合罷了。

將赤玉土放到耐熱的燒瓶中，並以水清洗幾次，直到水的濁度下降。

燒一鍋熱水，用鋁箔紙輕輕包住01瓶口，小火加熱30分鐘左右殺菌。如果鍋子裡面的熱水不夠就再加。

燒瓶自鍋中取出後，將裡面的水倒掉，加入富維克天然礦泉水。

將1顆過火燒熱的石灰石丟入03中。

將1滴花寶（HYPONeX）液體肥料原液滴入04中。

培養基就完成了！

[繼代培養]

團藻越長越多，大概1個月就會達到密度極限。這時我們得製作新的培養基，使用移液器將一些初代團藻丟到新的培養基中，這麼一來就能夠順利培養、不停生長下去。然而培養團藻時可能會碰上一大堆問題，例如太晚進行繼代培養導致團藻死光、溫度沒有控管好、細菌混入等等，所以我覺得可以一次多培養幾瓶。瓶內如果已經冒出苔蘚，就不要等1個月，馬上進行繼代培養。

❖海膽 Echinoidea❖

不知道大家有沒有看過海膽的幼體？海膽幼生（Echinopluteus）階段的外觀，跟我們一般認知中的海膽截然不同。蝴蝶、青蛙這種成體跟幼體完全不同面貌的生物並不稀奇，不過海膽的幼體外觀，不知道的人肯定怎麼也想像不出來。它長得就像火星探勘車一樣，藉著筆挺伸出的觸手團團轉，在海中游來游去。隨著成長，觸手會增加成4根、6根、8根，到後來會在體內形成棘刺及原始管足並伸出體外，進行變態，這時海膽幼生就會變成小海膽的外型了。而變態過後的海膽，原先的觸手會消失，告別在海中自由游動的生活。

要觀察海膽幼生一點也不難，只要幫採集回來的海膽、或是魚販賣的海膽（有殼且活體）進行受精，就能培養。馬糞海膽不需要處理棘刺，所以用這種海膽會比較好做實驗。

要受精的海膽必須剛好處於產卵期。像是日本近海的常見品種，紫海膽的排卵期在夏天、赤海膽在秋天、而馬糞海膽則在冬天。海膽大多棲息在礁岩地帶，可以選擇乾潮時段恰好在白天的日子，翻找潮水退去後留下的潮池或大顆岩石底下尋覓海膽。就算是體型較小的海膽也可以拿來做實驗。

海膽是以漁業為生的人不可或缺的生物，所以不少地方會禁漁。出門前請先確認清楚。

❖海膽幼生❖

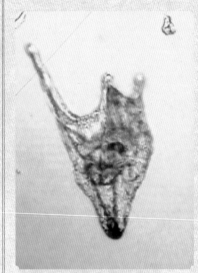

4根小觸手的海膽幼生……海水濃度變濃，導致觸手縮短。

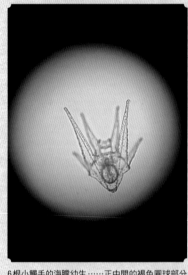

6根小觸手的海膽幼生……正中間的褐色圓球部分是胃。

8根小觸手的海膽幼生……已經看得見管足，馬上就要開始變態了。

［雄性海膽與雌性海膽］

將海膽翻過來看，口部周圍的管足若為黃色就是雌性、若為白色即是雄性。再來將口器剝掉時，生殖巢若為黃色一樣就是雌性、白色則是雄性。不過還不熟悉的時候並不好判斷，所以我們可以先假設手上的海膽是雄性，然後放到培養皿上，倒入氯化鉀，從海膽吐出的液體顏色來判斷。如果吐出白濁的液體那就繼續放在培養皿上，如果看到海膽冒出黃色的卵，那就趕快移到準備好的燒瓶上。

雄性

雌性

[海膽排卵]

氯化鉀會促使海膽的肌肉收縮，幫助我們從活的海膽體內取出卵和精子。

海膽的口器（5顆三角形的牙齒排成一圈）朝上，置於托盤上。

用剪刀剪開海膽口器周圍柔軟的部分，插入鑷子，拔出較硬的牙齒部分，並將海膽內部的水分甩乾。

拔出來的部分稱作亞里斯多德提燈。

在三角燒瓶中裝滿海水。

將原本帶有口器的那一面朝上，把海膽擺在燒瓶瓶口，取0.5莫耳的氯化鉀（KCl）自剝下口器後的開口滴入數滴。

氯化鉀有刺激肌肉收縮的作用，可促進排卵。照片中可以看到，卵分成5條線掉入燒瓶，跟生殖巢的數量相同。

[海膽射精]

將雄性海膽放在培養皿上，加入少量海水，作法跟處理雌性時一樣，將原本帶有口器的那一面朝上，取0.5莫耳的氯化鉀（KCl）自剝下口器後的開口滴入數滴。

[海膽受精]

將精子混入採集到的卵中受精。

卵會沉在底部，所以我們要將上面清澈的水倒掉，加入新的海水輕輕搖晃。

待卵再次沉到底部，就再度將上面清澈的水倒掉。這個動作重複約3遍，目的是洗去氯化鉀。

用玻璃棒沾取海膽射在培養皿中的精子，在較大的玻璃瓶瓶壁上多抹幾次。

在裡面加入海水，並用滴管將卵吸起來，放到玻璃瓶中。

以滴管的水流去沖刷沾了精子的瓶壁部分，然後在容器內攪拌。

［海膽發育］

卵受精後，會從一開始精子進入的地方開始形成受精膜。受精卵包在膜中，首先會一分為二，再來二分為四⋯⋯不停翻倍分裂，形成胚胎。胚胎會先進入錐體期（prism），接著再發育成海膽幼生。

海膽的精子。

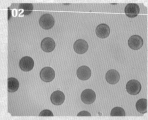
海膽尚未受精的卵。

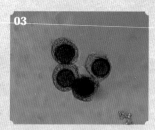
海膽的受精卵。

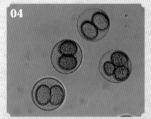
第一次卵裂⋯⋯2細胞期。

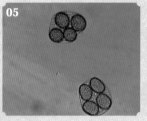
第二次卵裂⋯⋯4細胞期。

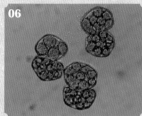
第三次卵裂⋯⋯8細胞期。

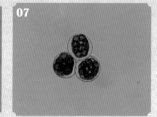
第四次卵裂⋯⋯16細胞期。

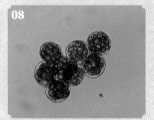
第五次卵裂⋯⋯32細胞期。

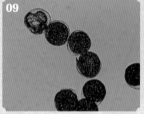
桑實期初期。

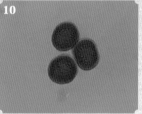
囊胚期前期。

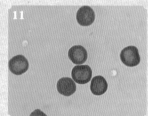
囊胚期後期。

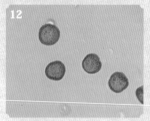
原腸胚初期。

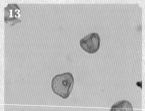
原腸胚後期。

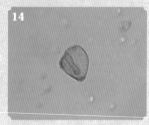
錐體期。

海膽幼生（4手→6手→8手）。

❖使其變態成海膽需要什麼❖

海膽幼生的原基之中產生棘刺、且原基變得跟胃一樣大的時候，差不多就會開始變態。射精、排卵過程順利的話，後續相對來說就比較容易受精，甚至可以觀察到發展出4根觸手的海膽幼生。從4手海膽幼生以後的階段開始，要用角毛藻（Chaetoceros）來餵養。雖然可以事先培養好角毛藻的母體備用，不過海膽受精實驗能進行的期間很短，購買濃縮的角毛藻來當飼料會比較輕鬆。在我們咖啡廳裡，海膽的受精卵會放在大大的飼育瓶中培養，並放置小螺旋槳攪動瓶內的水。參加過海膽受精工作坊的人則是用一種叫口袋飼育的方式來培養。不管哪種方式，都是為了避免海膽幼生沉在底部不動。雖然後者稱為口袋飼育，但也沒必要真的帶著到處走，只要吊在室溫穩定的地方，每天輕輕晃動個幾次製造水流就好。當海膽幼生發展出4根觸手後，口袋飼育軟管中便會出現肉眼也能看見的三角形小生物。我有時會用移液器將這些小生物移到培養皿上，用手機顯微鏡頭觀察、拍照，拍完照後再用移液器放回口袋飼育軟管中。發展到8根觸手後期後，就可以觀察到其體內形成管足和棘刺。到了這個階段後，餵以少許的海水魚餌用的石蓴和昆布，海膽幼生便能順利變態成海膽。變態成海膽後，也可以繼續放在軟管內飼養一陣子，但我會拿一個小瓶子、放進活石，再把海膽移到裡面養。這麼一來海膽就能食用附著在活石上的藻類繼續成長。

水蚤 Daphnia

棲息於水中的甲殼類，從側邊看去，長得很像擁有圓圓大眼的小雞，從正面看去的話則像獨眼怪。生存環境好的時候會行單性生殖，並且只會生出雌性；生存環境惡化的時候就會產下雄性水蚤，製造受精卵。

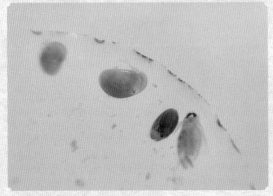

❖介形蟲 Ostracoda❖
身體彷彿是2片貝殼闔在一起，在水中活力十足地游來游去。

❖多刺裸腹蚤 Moina macrocopa❖
外型就如日文名稱「タマミジンコ」，呈現小球（タマ）般的圓形。背上的黑點是幼體的眼點。

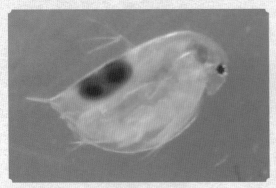

❖圓水蚤 Daphnia pulex❖
就是一般說的水蚤。背上黑黑的小球是卵。

❖草履蟲 Paramecium❖

有微生物之父美稱的荷蘭生物學家——雷文霍克（Antoni van Leeuwenhoek）於17世紀末發現了草履蟲。因為其外型就像草鞋，日文及中文名稱都叫草履蟲。該名稱為動物學家川村多實二在1930年所取。

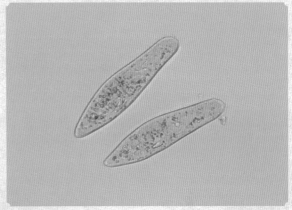

可以看到周圍長了鞭毛。

❖紡錘梨甲藻 Pyrocystis fusiformis❖

海生渦鞭毛藻類的同類。屬於植物性浮游生物，會行光合作用製造養分。天色暗下來後如果刺激它（敲打、搖晃飼育瓶）的話，紡錘梨甲藻會像夜光藻一樣發出藍白色的光。

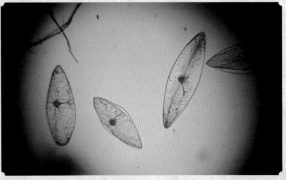

細胞核位於眉月形的細胞中間。用放大鏡去看，彷彿有一堆三白眼飄來飄去。

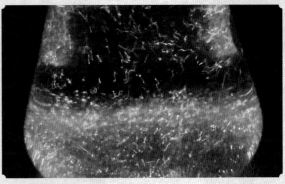

於夜晚搖晃飼育瓶的話，會發出夢幻的光芒。

❖新月藻 Closterium / 盤星藻 Pediastrum❖

用顯微鏡觀察水田和池塘的水，會發現除了草履蟲和矽藻之外，也常常會出現新月藻和盤星藻這些植物性浮游生物。新月藻和盤星藻的名字都是源自於其特有的形狀。

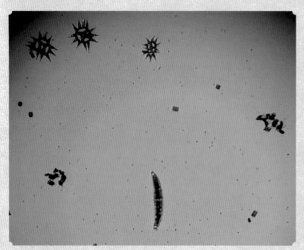

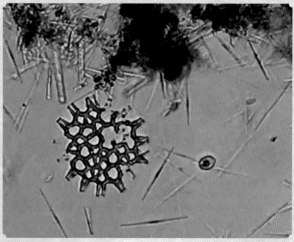

新月藻。學名源自於希臘文的「klosterion（小小的紡錘）」。

盤星藻。動作不多，易於觀察。

❖閃蝶的翅膀 Morpho❖

很久以前開始，就有不少學者研究閃蝶那絢麗的藍色。因瑞利散射聞名的英國物理學家——瑞利男爵（第3代瑞利男爵John William Strutt, 3rd Baron Rayleigh），在研究數層薄膜重疊結構之反射光譜的論文中，推論昆蟲和鳥類的羽毛光澤為多層膜造成的光干涉現象。實際上，閃蝶的藍色（從不同角度會看見不同顏色）確實是鱗粉結構所造成的結構色。以手機顯微鏡頭觀察，也可以看見鱗粉像屋頂上的瓦片一樣緊密鋪排成一整面的樣子。調整鏡頭角度以及光照方式，顏色便會產生變化。

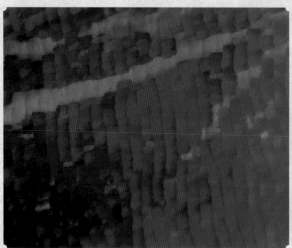

看起來就像排滿了藍色的瓦片。

光照角度也會改變看到的顏色。

製作自行發光的細菌燈 column

在一窺微觀世界的過程中，我對一群有趣的細菌產生了興趣。在我們身邊想不到的地方，就存在著有趣又漂亮的細菌呢。

> ❖Materials❖
>
> 魷魚（這次使用北魷）…外套膜的部分、人工海水（3%）…約500ml、淺型保鮮盒、白金耳（烤肉串也OK）、鍋子、試管

製作人工海水。

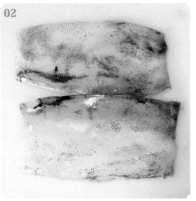

取出魷魚內臟後，切下外套膜。這時不要用水清洗魷魚。

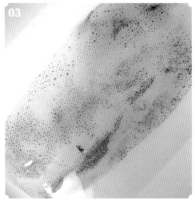

將**02**放入保鮮盒中並加入海水（不要直接澆在魷魚上）。加到魷魚表面僅微微露出水面（不會完全沉在水裡的水位）的程度後，蓋上蓋子常溫保存。

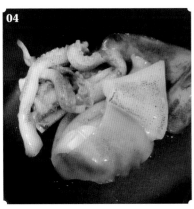

將魷魚剩下的部分切碎丟入鍋中，用海水烹煮。濾出煮出來的湯汁，取容量20ml的螺旋蓋耐熱試管，倒入湯汁至7分滿。

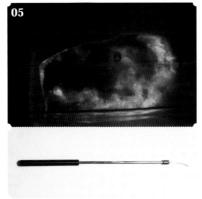

04充分冷卻後，以白金耳（移植微生物時使用的小棒子）取一些保鮮盒中發光的部分（菌落）放入試管。

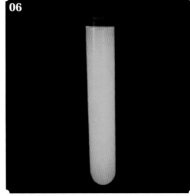

旋緊蓋子就完成了！

❖用寒天培養發光細菌❖

1. 在燒杯中加入人工海水100ml，以500w火力微波30秒加熱。
2. 秤寒天培養基素1.5g，加入**1**中並用玻璃棒攪拌均勻。
3. 在培養皿中加入約1/3深的**2**，以500w火力微波30秒加熱。
4. 待完全冷卻。
5. 以白金耳（移植微生物時使用的小棒子）取一些保鮮盒中發光的部分（菌落）加入燒杯中，像畫M字一樣抹上去。

[純種培養的POINT]

培養發光細菌時，自菌落某1點採集了1次之後，就直接像試寫原子筆時一樣在培養基中描畫曲線。若出現發光的1點，那就可以從該點採集好幾次細菌，移植到多個培養基上。

我望著礦物架上那些標本的標籤，發現有很多礦物都是依照外觀來命名的，如「玉滴石」、「絨銅礬」。然而光用肉眼來看，玉滴石就只是一連串透明又有點圓圓的結晶，絨銅礬也就像是藍色的天鵝絨而已。不過當我用手機顯微鏡頭去拍攝，便發現玉滴石簡直就像定格的山泉水一樣，而絨銅礬也跟其日文名稱「青針銅礦」給人的感覺一樣，表面有無數細小的藍色針狀結晶呈放射狀排列。

❖ 螢石 Fluorite ❖
英國／羅傑利礦山產

分類：鹵化物礦物　　**化學式**：CaF_2　　**晶系**：等軸晶系　　**硬度**：4　　**比重**：3.2

[羅傑利礦山（Rogerley Mine）產螢石的特徵]
· 深綠色且螢光很強。　　· 立方體結晶、多為雙晶。

英國羅傑利礦山產的綠色螢石，因其強烈的螢光而聞名遐邇。然而照片中的結晶標本比較不完整，有點可惜。不過用手機顯微鏡頭拍出來的話……

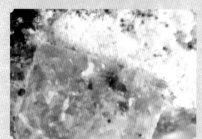

可以看到石英覆在細小的立方體結晶上。

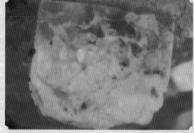

螢光非常強。

石英外衣的部分沒有發光。

❖ 螢石 Fluorite ❖

中國／福建省永春產

分類：鹵化物礦物　化學式：CaF_2　晶系：等軸晶系　硬度：4　比重：3.2

［福建省永春礦山（Yongchun Mine）產螢石的特徵］

・**藍紫色的螢石為2017年新開採出的種類。**　・**特徵是外觀呈現倒角立方體，有種圓滾滾的感覺。**

福建省永春礦山雖然有開採出靛藍色螢石的立方體結晶，不過新開採出的藍紫色、高透明度的結晶產量較多。用手機顯微鏡頭一看，會發現我們能穿過水晶看到母岩，結晶上彷彿沾了小水滴。

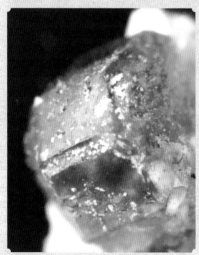

圓滾滾的結晶。

電燈下會改變顏色。

上面也帶有石英。

❖ 玉滴石 Hyalite ❖

墨西哥產

分類：氧化物礦物　**化學式**：SiO_2、nH_2O　**晶系**：非晶質　**硬度**：5-6　**比重**：2.0-2.25

蛋白石（Opal）的一種，因呈現水滴般的外觀而稱作玉滴石。許多玉滴石含有微量的鈾，在紫外線照射下會發出黃綠色的螢光。

透明度高，帶有虹彩。

用手機顯微鏡頭放大來看，真的好像小水滴。

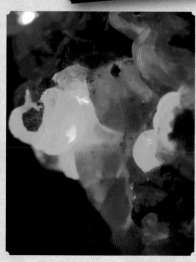

用紫外線燈照時會像鈾玻璃一樣發出螢光。

❖ 兔尾石 Okenite ❖

印度產

分類：矽酸鹽礦物　　**化學式**：$Ca_{10}Si_{18}O_{46}$、$18H_2O$　　**晶系**：三斜晶系　　**硬度**：5　　**比重**：2.28-2.33

兔尾石也稱兔尾巴。細小結晶的集合體造就了圓潤又毛茸茸的外觀，觸感就像小動物的毛皮一樣，而且就算用手機顯微鏡放大來看，每一根結晶還是如同細毛。

直徑5mm左右的小結晶。

一根根針狀結晶的前端都是平坦的。

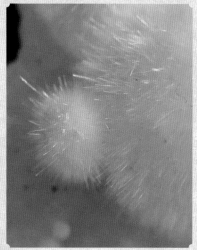

黏在大結晶旁的小結晶。

❖藍線石 (帶有石英) Dumortierite❖

分類：矽酸鹽礦物　**化學式**：$Al_7BO_3(SiO_4)_3O_3$
晶系：斜方晶系　**硬度**：7-8.5　**比重**：3.3-3.4

有一種藍線石是透明的結晶中含有海膽般的藍色結晶，該種類十分受歡迎。與之相比，照片裡的藍線石標本較便宜、也沒什麼亮眼之處，不過用手機顯微鏡頭一看，也能瞧見其結晶跟石英交雜在一起的樣貌。

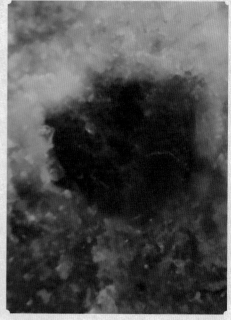

看起來彷彿是藍線石混入了石英之中。

❖ 絨銅礬 Cyanotrichite ❖
亞利桑那州產

分類：硫酸鹽礦物　**化學式**：$Cu_4Al_2(SO_4.CO_3)(OH)_{12}.2H_2O$
晶系：斜方晶系　**硬度**：3-4.5　**比重**：3.7-3.9

英文名稱源自希臘文的cyano（藍）與trich（毛）。日本也是因為其結晶像藍色的針一樣而取作青針銅礦。絨銅礬是銅的次生礦物，呈現含銅礦物特有的藍色。

肉眼見到的絲絨貌結晶，放大來看就發現長得跟細毛一樣。

❖螢石 Fluorite❖

分類：鹵化物礦物　**化學式**：CaF_2　**晶系**：等軸晶系
硬度：4　**比重**：3.2
這是稱作thumbnail size的小型標本。銀色鱗片般的白雲母配上紫色螢石，看起來就像一顆糖果。

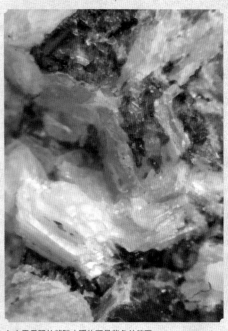

在白雲母間的縫隙中隱約可見紫色的螢石。

[好康報你知]珊瑚的顯微照片

❖環菊珊瑚 Favia speciosa❖

學名：Favia Speciosa　**門**：刺胞動物門
綱：珊瑚蟲綱　**亞綱**：六放珊瑚亞綱
目：石珊瑚目　**科**：菊珊瑚科

石珊瑚目菊珊瑚科的珊瑚骨骼標本。環菊珊瑚是非常具代表性的造礁珊瑚，骨質密度很高，沉甸甸的。

放大觀察無數的小孔，發現許多薄薄的壁面呈放射狀聚集。

兄弟礦物

右：跟美國訂購的神秘五角石。
上：五角石的星形雙晶。

某些礦物雖然構成元素相同（化學式相同），卻是截然不同的東西。有名的例子如石墨跟鑽石，兩者的化學式都是「C」，都是僅由碳構成的自然元素類礦物，然而莫氏硬度卻分別是 1 跟 10，一個是最高級的寶石，一個是鉛筆的筆芯，天差地遠。這是由於兩者的原子排列方式不同所致。像石墨跟鑽石差這麼多的情況倒是一眼就能分辨，不過像釩酸鹽類礦物類的水矽釩鈣石跟五角石的成分都是 $Ca(V^{4+}O)Si_4O_{10}\cdot4(H_2O)$，不僅是同質異像的兄弟，外觀也一模一樣，甚至連產地（印度／瓦戈里 Wagholi）都是同一個。

前幾天我跟有往來的美國業者訂購五角石，不過送來的標本怎麼看都像是水矽釩鈣石。交易價格上，五角石比水矽釩鈣石稍微高一些。如果我訂水矽釩鈣石，結果送來五角石的話，倒是會有種賺到了的感覺。但情況反過來的話就有點可惜了。

水矽釩鈣石跟五角石相比之下，在顏色上五角石較鮮豔，水矽釩鈣石則帶有一種偏綠的藍色。而到貨的標本確實感覺比普遍市面上流通的水矽釩鈣石的藍色來得鮮艷。不過，問題出在共生的沸石上。在日本，要辨別五角石跟水矽釩鈣石，大多會看跟它們長在一起的沸石。五角石會和絲光沸石以及片沸石共生，卻不會和輝沸石共生，這已經是常識。至於水矽釩鈣石則多和輝沸石共生。我當時想說，既然這樣乾脆來找找看雙晶吧！於是我在咖啡廳的營業日，跟上門光顧的客人一同用手機顯微鏡頭仔細觀察。然而很遺憾地，並沒有發現星形的結晶。

以前，我跟印度的礦物業者請教過有關五角石的事情。雖然因為彼此的英文都不是很好，對方可能沒有完全聽懂我想問的事情，總之我問他要怎麼區分水矽釩鈣石跟五角石，印度業者告訴我：「只有 1 根直立結晶的就是五角石。」

我對五角石的產狀很感興趣，所以回問：「直立的結晶？真的嗎？」印度業者就說：「對，真的是 1 根，立得直挺挺的喔。」不過我想問的，其實是該怎麼分辨長在母岩上、外觀又一模一樣的標本。但當時卻無法談得更深入了。

我也問了把神秘五角石送來的美國業者，但對方卻沒正面回答我的問題，跟我說：「標本中也有五角石和水矽釩鈣石共生的情形，而且水矽釩鈣石也會有雙晶的型態吧。」

未來隨著研究進步，以及從不同區域又開採出新的礦物時，現在已經成為定論的說法也可能會被推翻。後來，我只能仰賴可以辨識結晶構造的儀器來分析。但分析來分析去，到最後就覺得「反正漂亮就好了」。於是就保留著神秘五角石原本的商品標籤，放進我的標本盒，成為新的一員。

chapter 8

DIY
Study Room

書房DIY

將無法發揮原本功能的老家具稍微加工，

做成架子或箱子的樣子，就能利用老東西帶有的時間重量，

替房間的一隅染上美好的書齋氣息。

老舊的擺鐘。要每天上緊發條很費事，還必須偶爾上油、調整。但即便時鐘已經壞了，要從牆上拿下來又讓人覺得有些冷清。於是我替擺鐘重新打扮打扮，做成一座很有味道的時鐘小屋。

❖Materials❖

壞掉的擺鐘、電池式機芯、娃娃屋用的小家具、板子、補土、紙膠帶、噴漆、釘拔、鋸子、黏著劑、十字起子／一字起子、鑷子、報紙

01

準備一個壞掉的擺鐘。

02

將鐘擺跟鐘面上的指針拆下來。

03

拆下鐘面後，會看到裡面的機芯（機械的部分）。

04

拆下擺鐘原本的機芯。在鐘面背後裝上電池式機芯後固定在蓋子內側。安裝上電池式機芯的話就能發揮時鐘的功能了。

05

用補土填平釘孔。

06

外緣部分先用紙膠帶貼起來包好，內部用噴漆塗裝。

07

噴漆乾了之後撕掉紙膠帶。

08

製作底板跟天花板的部分。將一根棍子切成4等分長，然後黏上其中2根來做成天花板的骨架。

09

天花板跟底板塗裝完後安裝。在天花板上裝設娃娃屋用的小燈泡就完成了！

取下壞掉擺鐘的機械式機芯以及鐘擺，將一個小魚缸放進去。鬥魚不需要空氣幫浦跟過濾裝置也可以飼養。

❖Materials❖
壞掉的擺鐘、電池式機芯、魚缸、魚缸用燈、板子、補土、紙膠帶、鋸子、黏著劑、十字起子／一字起子、鑷子、報紙

01

準備一個壞掉的擺鐘。

02

將鐘擺跟鐘面上的指針拆下來。

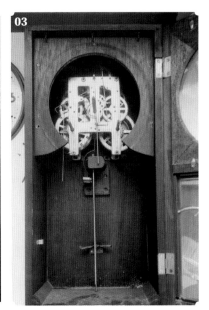

03

拆下鐘面後，會看到裡面的機芯（機械的部分）。

04

拆下擺鐘的機芯。

05

在鐘面背後裝上電池式機芯，讓鐘面重獲新生。

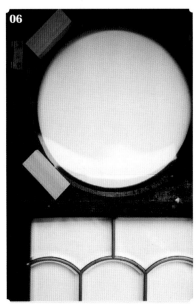

06

將鐘面裝設在蓋子內側。

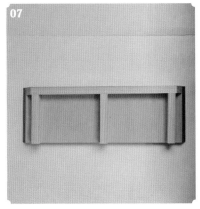

07

配合底部的形狀裁切板子，製作一個台座。

08

安裝魚缸用燈，再放入裝了魚的魚缸就完成了！

RECIPE

試鏡片盒做成的礦物標本盒

我從骨董市集購入用來裝試鏡片的盒子，重新改裝，做成擺設礦物用的標本盒。

❖Materials❖

試鏡片盒、黑色與咖啡色的噴漆、行動燈管、紫外線燈、板子、補土、紙膠帶、鋸子、黏著劑、十字起子／一字起子、報紙

❖POINT❖

短波長的紫外線燈不便宜，而且市面上找不太到，所以我們購買殺菌燈來跟手電筒的燈管交換。殺菌燈的波長比長波長的紫外線燈還短，對人體有害，所以注意不要照射皮膚，也不要直視殺菌燈的光。

01 將試鏡片盒的蓋子拆下來清乾淨，用紙膠帶跟報紙封住開口，外側部分用噴漆噴成咖啡色。

02 裝上架板子用的補強撐桿，內部用噴漆噴成黑色。

03 製作擺放行動燈管的架子，噴成黑色。

04 在架上裝好紫外線燈，放進盒內。螢光礦物標本盒就大功告成！

116

用來做受精實驗時飼養的海膽死亡後，
就做成骨骼標本吧。

❖Materials❖

海膽遺體、氯系清潔劑、
托盤、廚房紙巾

❖POINT❖

· 如果氯系清潔劑濃度太高，或是浸泡時
間過長，都會導致海膽骨骼脆化、易壞。

· 怕臭味的人，可以在天氣好的時候拿
去自然風乾，消除一些味道。不過小心
別被風吹走。

照片中的海膽標
本浸泡時間過
長，整個塌掉
了。

用清水沖洗死掉的海膽，去掉棘刺，並將內臟
全部清出來（有殘留一點點也沒關係）。

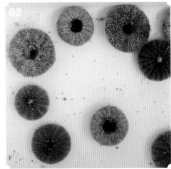

將 **01** 丟進稀釋 50％ 的氯系清潔劑（廚房漂白
水之類的）中浸泡。

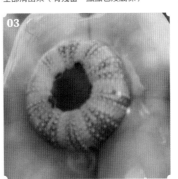

靜置一晚後用清水沖洗乾淨。

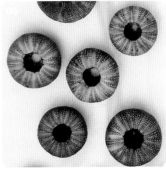

在托盤上鋪好廚房紙巾，將海膽放上去待水分
完全乾掉即完成！

封在小小瓶中的虹彩。我會將液晶裝進小試管和玻璃瓶中，觀察虹彩在不同溫度下的顏色變化。

材料使用的是膽固醇液晶類的東西，例如羥丙基纖維素（Hydroxypropyl Cellulose，HPC）。這些東西不僅對人體無害，化學反應的活性也小，所以一般會用於醫藥品添加劑。最近技術也越來越進步，開始用於增稠劑和乳化安定劑等食品添加物上了。這種物質含有水分的話就會變成液晶。

❖Materials❖

羥丙基纖維素（Hydroxypropyl Cellulose，HPC）、精製水
塑膠封口袋、有蓋玻璃瓶等自己喜歡的容器、滴管、剪刀

❖什麼是液晶❖

物質狀態分成「氣體」、「液體」、「固體」。而固體之中，原子（或分子跟離子）排列得整齊有規律的東西，就是「結晶」。所謂的液晶，就是液體跟結晶的過渡狀態。相較於結晶的分子位置及方向性都固定，液晶是只有方向性固定的狀態。換句話說，液晶就是「具有液體的流動性，以及結晶的方向秩序的物質狀態。」

液晶可依分子排列方式概分成3種。第1種是向列型液晶（Nematic liquid crystal），這種液晶只有分子的方向性統一，但位置卻毫無秩序可言，不過也是所有液晶中流動性最高的種類。另1種是層列型液晶（Smectic liquid crystals），這種液晶的分子只能在同一層內移動（無法自由穿梭各層之間）。因此，層列型液晶的特色是比向列型液晶來得有黏性。而最後1種雖然有時也會被分類在向列型液晶裡面，不過其內部相鄰分子會慢慢改變方向，所以另稱作膽固醇型液晶（Cholesteric liquid crystals）。膽固醇型液晶的分子一點一點改變方向，而又轉回到跟一開始方向相同的這段旋轉長度稱為螺距（P）。如果有光的波長跟這段長度相同就會被反射，而其他的光則會通過。

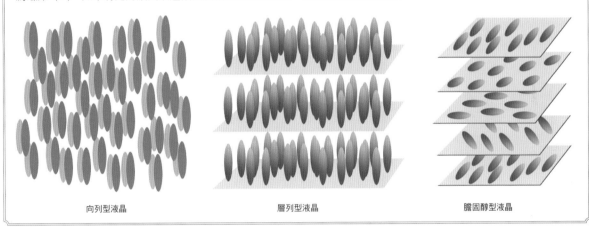

向列型液晶　　　　　　　　層列型液晶　　　　　　　　膽固醇型液晶

［虹彩標本的實驗與調查］

只要水量稍有不同，液晶的樣子就會產生改變。

水量若多，螺距便會伸長，於是會反射波長較長的光。如果水太多的話就會變成白濁液體，無法呈現出液晶的相。反過來說，水量若少，螺距便縮短，會反射波長較短的光。如果水太少的話就會變成透明液體，一樣無法呈現出液晶的相。

螺距也會因為溫度產生變化，溫度上升會變長、溫度下降會縮短。

水量少　　　　　　　　　　　　　　　　水量多

❖虹彩標本的作法❖

量4g的HPC，裝進塑膠封口袋。以滴管緩緩滴入2.5ml的精製水。

讓水浸潤HPC、混合，注意不要把HPC弄散。一開始可能會覺得水量不夠，但之後會混合得越來越均勻。

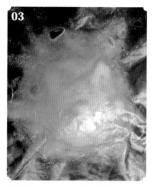

盡量將HPC集中起來，不要太分散。結塊的部分也盡量往中間推，放置幾個小時過後，再把袋子翻面繼續靜置數小時。像這樣翻過來翻過去放，就能使材料繼續混合。

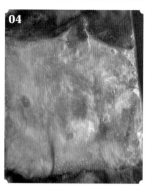

過了1天的樣子，袋中已經出現美麗的虹彩。結塊（不透明的白色部分）完全溶解之後就大功告成！不時搓揉混合、平放幾個禮拜的話，會變得更漂亮。

我們要把液晶裝進瓶子，所以剪開封口袋角落。開口約2mm。

將05擠入喜歡的瓶子裡面。由於成品黏稠度高，請慢慢擠入。如果液晶黏在瓶壁上下不去，那就先暫時停止擠入，包上保鮮膜或蓋上蓋子來避免水分蒸發，靜置幾個小時。這麼一來液晶就會稍微滑落瓶底，這時再繼續擠入。

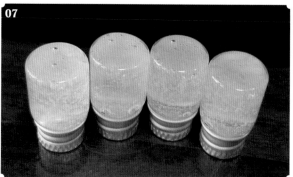

蓋上蓋子後，虹彩標本就大功告成！

❖觀察螢光❖

光源之中，自然光含有最多種波長的光，所以用自然光照射可以觀察到繽紛的色彩。也可以試著觀察液晶在螢光燈跟白熱燈下的樣貌，或用紫外線燈照，觀察美麗的螢光。

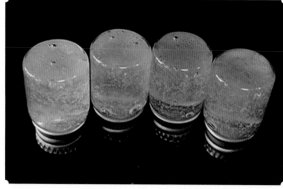

RECIPE

樹脂灌模

前面我們製作了礦物浮游花。而不用油液，改用樹脂來封存花草礦物的話，雖然無法觀賞到它們細微的動靜，但可以享受植物與礦物在一個空間內的立體拼貼樂趣。

❖樹脂的種類❖

樹脂液分成照射紫外線便會硬化的UV樹脂，還有混合2液體來產生化學反應凝固的環氧樹脂。UV樹脂只需要幾分鐘就能夠硬化，非常方便，但照射一次紫外線所能硬化的厚度是有限的，所以不適合製作立體作品。如果要在有點深度的模子裡製作的話，需要分好幾次來硬化。而環氧樹脂雖然需要花上整整1天硬化，不過可以用來製作立體的作品，而且相同的用量下價格會比UV樹脂來得便宜。

❖1.基本的樹脂配方❖

這裡使用了A液：B液＝2：1的環氧樹脂。2種液體的搭配比例請依自己選用的樹脂來調整。

❖Materials❖
環氧樹脂、紙杯、電子秤、吹風機

將紙杯放上電子秤。

倒入100g的樹脂A液。

在**02**中加入樹脂B液50g，混合均勻。如果不想看到氣泡，可以用吹風機稍微加溫。

❖2.海膽灌模❖

海膽的骨骼標本如果摔到、撞到，很容易會產生缺口。為了能夠放心地拿來裝飾，我用樹脂將海膽封存起來。

❖Materials❖
海膽骨骼標本、樹脂混合液、方形樹脂模具

在方形的樹脂模具中倒入約5mm高的樹脂混合液，並使之硬化。

將海膽骨骼標本倒過來（口器部分朝上）置於**01**中，再慢慢倒入樹脂液並使之硬化。

❖ 3.花園水晶般的樹脂工藝品 ❖

花園水晶的意思是水晶中（主要是尖端部分）含有其他礦物，而裡頭的礦物看起來就像小草叢生的庭園或海底風景一樣。

❖Materials❖

結晶形的樹脂模具、樹脂混合液、樹脂用染料、軟橡皮擦、礦物標本和植物、黃鐵礦的顆粒、紙杯、竹籤或牙籤

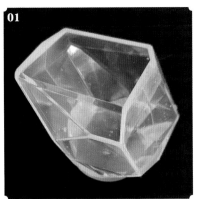

在結晶形樹脂模具中倒入約1cm深的樹脂混合液，並使之硬化。

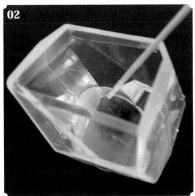

要染色的話，請取另外一個紙杯裝取一些要染色的樹脂液，加入少量染料，攪拌均勻。

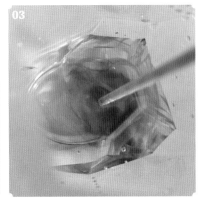

在 **01** 中加入透明的樹脂混合液，接著再加入 **02**。用竹籤或牙籤輕輕攪拌，就會呈現一種薄霧般的感覺。透明液、染色液放置1小時左右會稍稍硬化，用這種狀態的樹脂液來混合會更有霧濛濛的感覺。

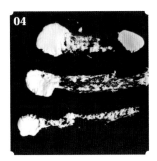

如果想要添加雲的形象，就用搓了很多遍、搓到已經不堪用的軟橡皮擦。取少量軟橡皮擦，不停搓揉，並慢慢延展開來後就會變成照片中的樣子。

樹脂液硬化後就將礦物標本和植物倒過來放進去，再從上方流入樹脂混合液，使之硬化。

❖POINT❖

若想做出內含物的感覺，可以加入細碎的黃鐵礦。

❖ 4.絨球灌模 ❖

在小燒瓶中綻開的歐洲黃菀小絨球。絨球比燒瓶還小，會在燒瓶中晃來晃去的，所以我們灌入樹脂定住它。

❖ Materials ❖

小燒瓶、歐洲黃菀、樹脂混合液、牙籤

讓歐洲黃菀的絨球在小燒瓶中綻開，再慢慢灌入樹脂混合液。

絨球會浮起來，所以要用牙籤將它壓下去，並分次使之硬化。

❖ 5.閃蝶灌模 ❖

閃蝶的翅膀就算只沾到些許黏著劑或酒精都會變成咖啡色，所以我們先將閃蝶裝進透明的塑膠袋中，再灌入樹脂。

❖ Materials ❖

閃蝶、塑膠袋、培養皿、樹脂混合液、牙籤

1. 將閃蝶裝進透明的塑膠袋中，徹底密封。
2. 在培養皿中加入約5mm深的樹脂混合液，然後將裝了閃蝶的袋子放上去。
3. 從上方緩緩流入樹脂混合液。如果袋子浮起來的話，先不要急著把樹脂灌滿，中途先讓它硬化一下，最後收尾時再加入幾公釐高的樹脂混合液。

❖6.脆弱結晶灌模❖

尿素和磷酸二氫銨因毛細現象形成的結晶十分脆弱，
所以我用灌模方式來長期保存這些結晶。

❖Materials❖
尿素結晶、磷酸二氫銨因毛細現象形成的結晶、樹脂混合液、喜歡
的樹脂模具、小型玻璃球、鑷子

［磷酸二氫銨的毛細現象結晶］

在自己喜歡的樹脂
用模具中，加入數
公釐深的樹脂混合
液並使之硬化。

製作磷酸二氫銨（93p）時，容器邊緣會形成脆弱結晶，用鑷子將這些結晶夾到硬化的**01**上擺好。

緩緩倒入樹脂混合液。脫模之後就完成了。

［尿素結晶］

在小玻璃球中製作尿素結晶。作法請參照81p。

在**01**中加入樹脂。

雖然有一半的結晶崩塌了，但從底部來看還是非常
漂亮地固定住了。

after word 後記

密封的空間令我深深著迷。

「屋頂之下」、「抽屜」、「盒子」、「巢穴」、「礦物」、「貝殼」、「細密畫」……。

某天，我發現一本書的目錄是由上面這一串詞彙所組成，這本書是法國哲學家加斯頓・巴謝拉（Gaston Bachelard）的作品《空間詩學》（The Poetic of Space）。我手上這本是1976年9月在日本出版的（第8刷）版本，那是我在十幾歲時，只因為對書名有興趣就買下來的。那時正值多愁善感、鍾情於閱讀艱澀書籍的文青少女時代。

當時，我感受到了語言的極限。明明用日文跟日本人講話，我真正想表達的東西卻無法傳達，有時人家還會反問我：「所以那是什麼意思？」如果有開口問我倒還好，但我想一定還有很多事情是在彼此沒有相互理解的情況下就不了了之的。而且思考也是基於語言表達之上，所以就算浮現了很幸福很幸福的感覺，我也沒辦法好好表現，只能眼睜睜看著這份感覺消逝。也許，語言的極限可以藉由轉變成美術、音樂等不同的表現方式來突破。如果說還是堅持用語言的形式來突破極限的話，我想那就是作詩了。

《空間詩學》並非單純羅列華美的詞藻、創造曖昧想像空間的手法，而是透過帶有詩意的文章，去分析各種空間所蘊藏的能量，還有劃分內部與外部的界線。當時我讀的是法文翻成日文的版本（岩村行雄 譯），對於人生經驗尚淺的孩子來說，哲學家的理論恐怕是讀得一知半解。即便如此，當時的我還是多少有我自己的感覺，察覺到一直以來吸引我的那些空間所共同具有的力量究竟是什麼。小小的世界很美、很令人懷念，只要將整個人關在裡頭便會感到幸福洋溢。封閉的空間是「孤獨」的。雖然也會恐懼，但我卻無法克制自己去追求的渴望，最後我領悟了巴謝拉所說的話：「我就是我存在的空間。」

本書使用了各種方法來製作這種「封閉的世界（小小的世界）」。在製作的過程中，我獨自享受著陽光穿過化學樹林的枝枒落在我身上、和絨球一同在時間靜止的瓶中屏住氣息、在水母群間漂蕩、漫步在微小的世界裡。不過說到

底，這些東西都是多虧了許多人的協助才能完成。這時我才察覺到，或許跟大家分享這樣的空間，才是真正的幸福。

「你不覺得發現礦物標本中的虹彩很令人開心嗎？」

「對啊對啊。讓人很想一直盯著結晶裡面閃閃發光的繽紛色彩看呢……」

期待未來能夠跟買下這本書的各位讀者，在密封空間的某處相會……。

佐藤 佳代子

[合作者一覧]

[博物插畫]
ルーチカ
https://stelklara.net/ruchka/

[陶製模型小屋製作]
工房SPIRIT 斎藤由妃子

[樹木種子提供、栽培指導]
工房若草　斉藤昭二
http://jumokutane.web.fc2.com/

[手機顯微鏡頭研發＆顯微照片攝影]
Life is small. Company
https://lis-co.net/

[手機顯微照片攝影、飼養生物販售]
ミコ・ヴォイド

[鉍販售]
ティンアロイ（佐々木半田工業）
http://www.tin-alloy.com

[水母、水螅販售與飼育指導]
くらげショップ My-AQUA
http://myaqua.jp

[海洋生物採集]
横海老屋
http://www.yokoebi.com/

[日本博蘭人偶販售]
ジオラマ・ミニチュア情景模型専門店
さかつうギャラリー
http://www.sakatsu.jp/

[老家具翻修]
KentStudio

[攝影協助]
カフェスタッフ 縞子
徳蔵 あみ
瀬尾 まどか
森田 由紀子

TITLE

奇幻礦物盆景

STAFF

ORIGINAL JAPANESE EDITION STAFF

出版	瑞昇文化事業股份有限公司	Art direction and design	Mitsugu Mizobata(ikaruga.)
作者	佐藤佳代子	Photographs	Masashi Nagao
譯者	沈俊傑	Proof reading	Yuko Sasaki
		Editing	Maya Iwakawa、Atelier Kochi
總編輯	郭湘齡	Progress management	Koichi Sueyoshi
責任編輯	蔣詩綺	of printing	
文字編輯	徐承義　李冠緯	Planning and editing	Sahoko Hyakutake
美術編輯	孫慧琪		(GENKOSHA CO., Ltd.)
排版	執筆者設計工作室		
製版	明宏彩色照相製版股份有限公司		
印刷	龍岡數位文化股份有限公司		

法律顧問	經兆國際法律事務所　黃沛聲律師

戶名	瑞昇文化事業股份有限公司
劃撥帳號	19598343
地址	新北市中和區景平路464巷2弄1-4號
電話	(02)2945-3191
傳真	(02)2945-3190
網址	www.rising-books.com.tw
Mail	deepblue@rising-books.com.tw

初版日期	2019年6月
定價	420元

國家圖書館出版品預行編目資料

奇幻礦物盆景 / 佐藤佳代子著；沈俊
傑譯. -- 初版. -- 新北市：瑞昇文化,
2019.07
128面；19 x 25.7公分
譯自：鉱物のテラリウム・レシピ：水
槽とガラスびんの中に作る鉱物の庭
ISBN 978-986-401-349-4(平裝)
1.標本製作
360.34　　　　　　　　　108008827